海獸學者汗流浹背的現場

抹香鯨（全長 14 公尺）的骨骼標本（國立科學博物館）。

幫擱淺在靜岡縣大須賀海岸上的抹香鯨聽診。

對擱淺在茨城縣鹿島的海岸上的銀杏齒中喙鯨進行調查。

對擱淺在江之島
海岸上的藍鯨寶
寶進行調查。

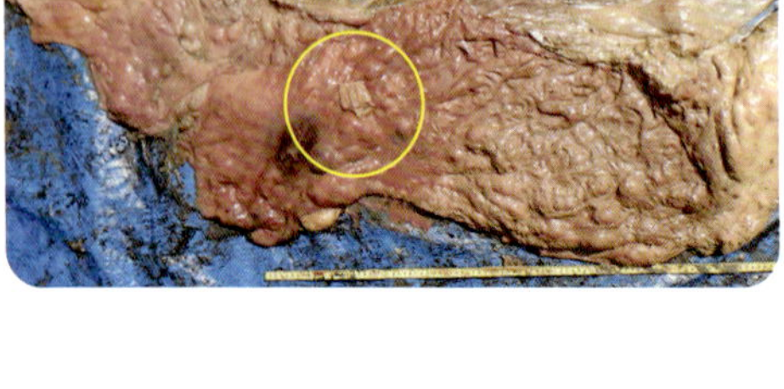

在鯨魚寶寶的胃
中發現塑膠片。

搬運大型鯨魚真的很辛苦，這是用吊車吊起來的樣子。

邊用手鉤拉扯邊用鯨刀剝除厚重的皮膚。

強韌的鯨鬚。用這個來濾食浮游生物

製作標本時的景象。專長為陸生哺乳類的川田伸一郎先生（左）及作者（右）。

聚精會神的解剖就不會介意血和臭味。

鯨魚的頭骨以直立保管的方式比較方便。

© Surf Shop Village

海豚的大量擱淺。存活的個體就送回海中。

© Uni Yoshikazu, 2005

對卡在北海道羅臼町流冰中的虎鯨進行調查。

南非海狗。雄性爬到岩石上展現威容。

北象鼻海豹。海豹的特徵在於沒有耳殼（突出在外的耳朵部分）。

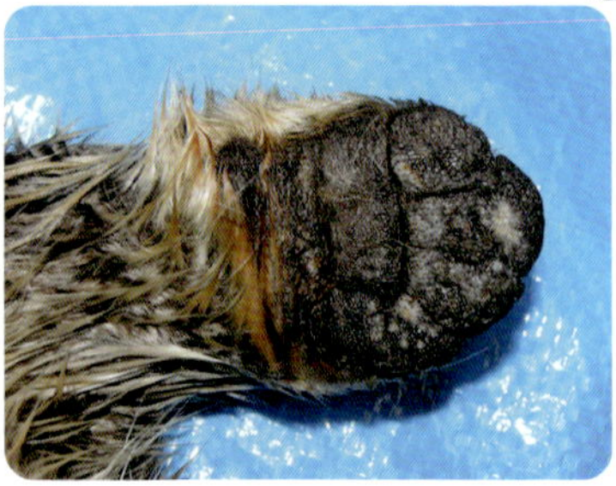

其實海獺的腳掌上有肉球，對抓握獵物很有幫助。

瓶鼻海豚的骨骼標本。有著退化的骨盆痕跡。

在泰國幫忙測量、整理布氏鯨的骨骼標本。

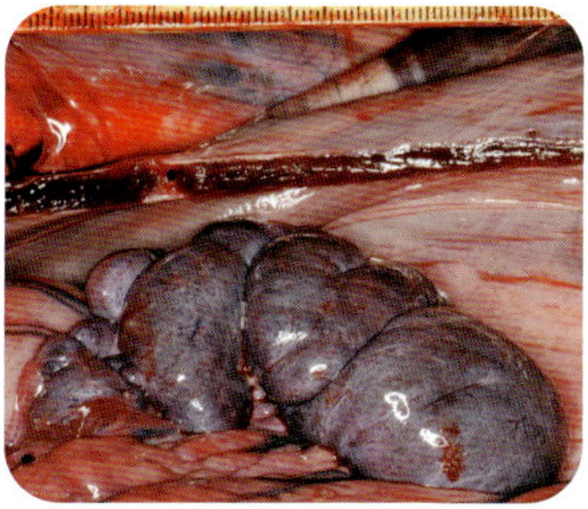

瑞氏海豚的脾臟。比陸生哺乳類來得圓。

在緬甸測量大村鯨的頭骨。

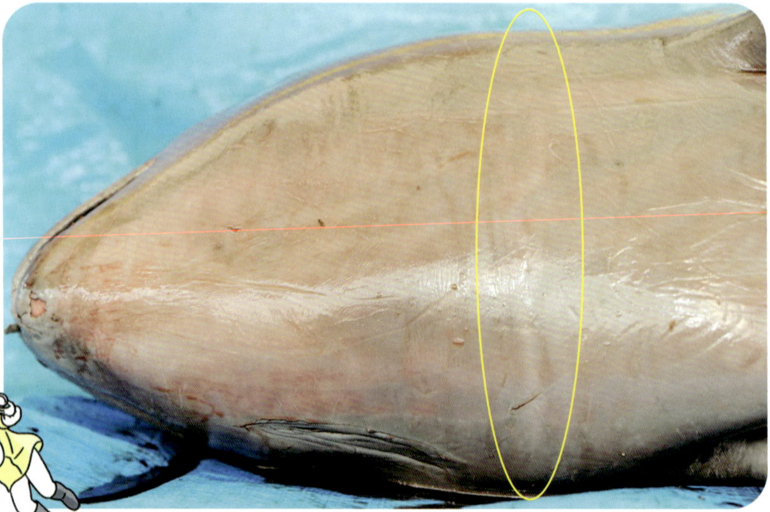

露脊鼠海豚的下顎。看得到被漁網纏住過的傷痕。

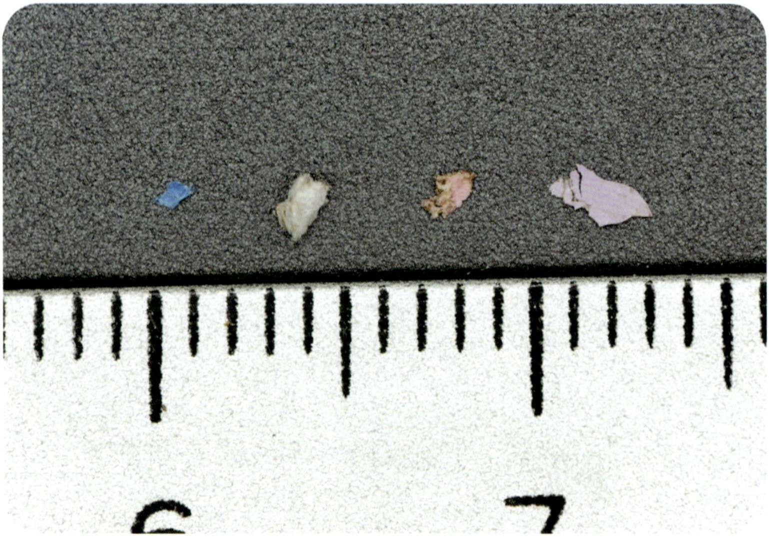

在新種的小貝氏喙鯨的胃部也發現了海洋塑膠。

海獸學者解剖鯨魚的日常生活

著——田島木綿子

譯——張東君

收到擱淺通報馬上出動！

海洋哺乳類的死亡教給我們的事

人人出版

前言

「欸？什麼？有抹香鯨在熊本？一定非得要現在嗎？」

電話那一頭是家人夾雜著擔心及無奈的聲音。

「當然一定要現在啊！如果說得出這個不急或不需要的話，身為博物館人及研究者的我，根本就不稱職了！」

2020年3月底，在全世界受到前所未有的傳染病來襲，處於第一波的騷動時，我人正在熊本縣天草市的本渡港。因為前一天有頭巨大的抹香鯨在本渡港灣內的淺灘上擱淺死亡，我的工作單位「國立科學博物館筑波研究設施」（茨城縣筑波市）接到了協助調查的請求。

那正好也是日本剛開始正在研討是否要發布緊急事態宣言的時期。

雖然我做了萬全的預防感染措施，不過老實說，對於肉眼看不見的病毒帶來的威脅，還是感到惴惴不安。縱使如此，我還是身負非做不可的使命。順帶一提，博物館營運相關的人都帶著責任與自豪，自稱為「博物館人」。

鯨豚之類的海洋生物在淺灘擱淺或被拍打上岸的現象，在英文稱為stranding。應該不少人曾經在電視新聞等上面看過或聽過吧。

鯨豚擱淺並不是什麼稀奇的事情。鯨豚等海洋哺乳類（海獸）的擱淺報告，光是在日本每年就有300起左右（審訂註：台灣近5年平均每年擱淺數量約150頭）。換句話說，幾乎每天都有鯨豚在日本某處的海岸擱淺。其中大部分會就此喪命，沒能再次回到海洋，在死後漂到海邊的案例也很多。

我現在的工作就是對這樣的海洋哺乳類屍體進行解剖、追究其死因以及擱淺的原因並製作成標本，以便在今後的一百年或兩百年繼續保存在博物館中。

背負著大件行李抵達本渡港的時候，港邊擠滿了到港口來看熱鬧的民眾。眾人的視線聚焦在橫躺於前方，身體被好幾根繩子固定著，以免被沖進外海的巨大抹香鯨。

「確實是個大傢伙啊！」

根據相關人員所述，牠的體長16公尺、推估體重65公噸。體長和「奈良大佛」的高度相當，體重則相當於10頭大型非洲象。由於只靠地方的政府單位或研究團隊完全沒辦法應付，才聯絡了國立科學博物館。

對我們來說，能夠調查如此大型抹香鯨的機會也是極為難得。雖然很想要立刻就開始調查，只不過那天是星期日，正式調查得等到隔天。

隔天朝陽升起，吊車將抹香鯨吊起，是具體型非常帥氣的雄性個體。不過卻沒有時間讓我看個夠，我們只有一天的時間解剖調查這頭巨大鯨魚，並盡可能的採集標本。

「各位來吧，開工了！」

我們同時開始動工調查。

＊

這樣的活動，我在國立科學博物館已經持續做了20年以上。在這段期間內，調查解剖的個體數累計超過２０００頭。在舉辦開放給社會大眾的活動時，我的同事都是以「田島博士是全世界解剖鯨豚數量最多的女性」來介紹我。雖然並不知道是否世界第一，但確實能以日本女性第一自詡。

在埋首調查及研究的過程中，不知不覺間已經聚沙成塔。

我只要聽說在北海道的海岸有海狗擱淺，就會立刻飛過去進行調查，耳聞在鄰近海岸發現了海豚的屍體，就一個人前往回收等等，這就是我的日常工作。

實際上也發生過這樣的事情。某個水族館聯絡我，說在他們當地海岸發現了一頭體長略小於2公尺的露脊鼠海豚屍體。

根據對方的說法是：「已經打包完成放置在現場附近，請過來回收。」依照我過去的經驗，不到2公尺的露脊鼠海豚能夠一個人弄到車上帶回來。何況都打包好了，繩索的位置等等也應該都下了工夫，讓水族館的人容易搬運才對。由於地點較近，我就租了輛車，一個人前往現場。

當我停好車俯瞰沙灘時，看到在沒有半個人影的廣大沙灘上，孤零零地躺著一個藍色塑膠布包著的物體，心想：「就是那個吧。」每次只要看到這種光景，我的內心深處就會刺痛一下。為什麼牠會被拍打上岸呢？最近我的淚腺又特別發達，經常為此而眼眶含淚。

但是當我靠近看到實體，卻因為過於驚訝，眼淚瞬間就縮回去了。雖然牠的體長確實不到2公尺，高度卻異常地高。可能是懷孕了，再加上胎兒體重就變得超級重。

我試了好幾次想要將其抬起來，但是怎麼都沒辦法塞進後車廂。正覺得「真是傷腦筋啊」的時候，看到遠方有兩位女性的身影朝我這個方向走來，簡直就像是在地獄見到佛陀般覺得自己終於得救了。

「不好意思～～！請問、請問可以幫個忙嗎？！」

我揮動著雙手對著她們喊叫。兩位女士大概以為我發生了什麼意外，快速衝過來。我亮出國立科學博物館職員證，向她們請求道：

「那個，有海豚被在這片海岸被打上來，我得把牠帶回博物館。雖然想要放進後車廂，但牠比預期還要大很多，我完全抬不動……。可以請妳們幫幫我嗎？」

兩人起初一副覺得我很可疑的樣子。不過現在回想起來，看到打包完整2公尺左右的物體時，就算是聯想到人類屍體也不奇怪吧？我那時真的非常拚命。

「啊，這包絕對不是什麼可疑的東西。這是棲息在這片海域中，一種叫作露脊鼠海豚的海豚。就是那種吐甜甜圈型泡泡有名的……。這是真的喔，因為想要調查牠為什麼死亡，無論如何我都想要帶回博物館……。」我連珠炮般地不停說明。

於是，其中一人開口道：「這麼說起來……。」似乎想起露脊鼠海豚的名字，也看過被拍打上岸的屍體。藉由露脊鼠海豚的知名度，沒有將我通報給警察，我也順利回收了這隻個體。

＊

目前已知鯨豚、海豹、儒艮、海牛等海洋哺乳類，雖然和人類一樣同為哺乳類，卻在演化的漫長歷史之中，好不容易才從海洋到陸地上生活，卻又再度回到海中。

牠們究竟為什麼捨棄陸地而選擇海洋呢？

為了適應海洋中的生活，又有了什麼樣的演化呢？

又為什麼會被拍打上岸呢？

調查生活在大洋的海洋哺乳類，比調查陸生哺乳類要困難許多，關於生態及演化也還有許多未知的部分。

正因為如此，才需要傾聽來自一具具屍體的聲音。

這本書是以我二十年研究生活為基礎，介紹海洋哺乳類的生態的同時，也盡可能地追究海獸擱淺之謎。

第一章的內容介紹海獸學者，從某種角度來說是奇妙的研究生活。第二～三章介紹的是畢生難逢與藍鯨的相遇、鯨豚不可思議且巧妙的生活方式、鯨豚擱淺的原因、在現場如何探究死因等等。

第四～六章寫了滿滿關於海豚游泳的祕密、虎鯨的相親派對、海豹及海獅的分辨方式、儒艮與海牛的素食生活等海洋哺乳類巧妙的生活方式。最後的第七章則想要介紹動物遺骸是如何教導我們地球環境的現況及變化。

每當我站在調查現場的時候，總是這樣想著：

為什麼這頭鯨豚非死不可呢？

那個原因會不會影響我們的生活呢？假如是這樣，我們究竟能夠做些什麼？

為了找到這些問題的答案，我每天每天努力不懈地解剖著鯨豚。

希望能透過這本書，把海洋哺乳類無與倫比的魅力，以及從動物遺骸收到的訊息傳達給大家。

田島木綿子

目次

第二章 拍打到沙灘上的無數鯨豚

第三章 追蹤擱淺之謎

第四章 從前海豚有手也有腳

第五章 海豹的睪丸收納在體內

第六章 儒艮、海牛是道地的草食動物

第七章 從屍體收到的訊息

第一章

海獸學者汗流浹背的每一天

和堆積如山的海狗相遇

那一天，經常關照我們的水族館獸醫師，語氣帶著歉意地聯繫我。經過詢問後，他說：

「圈養中死亡的海狗屍體，一直保管在冷凍庫中，但是在我退休之前一定要處理掉，你覺得該怎麼樣才好？」

我立即回答：

「請務必讓我們接手！」

想要海狗屍體的人，在這世上應該沒有幾個了吧。但對我而言，卻像是如獲至寶。

在我工作的國立科學博物館（以下簡稱科博）中，保管並展覽各種各樣的生物標本。光是我專長領域的海洋哺乳類就有150種、8000隻個體的標本，但是像當時海狗之類的「鰭腳類」標本卻很少，我正好想要增加這類動物的數量。

所謂鰭腳類，是棲息在海洋環境的哺乳類之中，由「海獅科」、「海豹科」、「海象科」共3科構成的動物類群。在這之中，海狗分類在「海獅科」裡。

海狗雖然在水族館中，是以活潑表演深受遊客喜愛的海洋哺乳動物，卻也終究會面對死亡的一天。為了不讓其枉死，研究調查隱藏在遺體中的貴重資訊，和標本一起留給未來，既是博物館的重要使命之一，也是我和水族館獸醫師的共同願望。

獸醫師對我的提議感到非常開心。雖然我想要馬上把牠們搬到茨城縣筑波市的科博研究設施中，不過卻沒辦法直接說：「那明天就用卡車去載！」因為海狗與魚類或昆蟲有很大的差異。

海狗受到日本於1912年公布的《臘虎膃肭獸獵獲取締法》（海獺海狗獵獲取締法）所保護。無論在水族館中飼育，或從水族館轉移到其他機構，都必須獲得水產廳的許可。屍體也不例外。所以現在也是根據法令完成事

載著海狗的卡車抵達。

務手續，經過2個月的時間，才總算獲得接收海狗的許可。

獸醫師先生在超過20年的時間，保管在水族館冷凍庫中的海狗屍體總數，竟然累積到100頭以上！對於遠超預期的數量，興奮僅僅只有一瞬間。我知道這批體長可達2公尺的海狗，就算是國家機構的科博，冷凍庫的空間也沒辦法全部容納。即使我含淚放棄一部分，也只接收了大約80頭。

卡車載著堆積如山的海

狗，排列成隊地駛進科博筑波研究設施的樣子極為壯觀。我在一旁很興奮地想著：「那麼，應該如何好好利用呢？」

由於海狗和鯨類不同，全身覆毛（毛皮），所以從一具遺體能夠獲得毛皮剝製標本及骨骼標本共兩個標本，稱為「兩取標本」。

不能一直讓海狗占用冷凍庫。首先從2公尺等級的大型個體優先處理，毛皮維持良好的個體就做成剝製標本（獸毛剝製標本）。當然是由我們這些科博員工來製作。

決定要製作海狗的「剝製標本」！

被其他工作追著跑的日子，時間總是過得特別快。開始著手製作海狗標本，已經是接收2個月後的事了。

說實話，也有找藉口拖延的因素。因為要製作像海狗這麼大的動物剝製標本，是相當浩大的工程。假如沒有做好「今天一定要動手！」的堅強心理準備，很有可能會半途而廢。再加上海狗這類的鰭腳類，皮下有豐富的脂肪層，要把毛皮剝下來會比陸生哺乳類要花更多的工夫。

動物的剝製標本依照用途不同略分為二：呈現生前樣貌（生態），用於博物館等展覽場合，稱為「真剝製」；研究者製作的標本主要用於研究，稱為「假剝製」或「簡易剝製」。

不論是哪一種剝製標本，製作的第一階段都是從剝下毛皮開始。換句話說，要把海狗的毛皮給剝下來，但這需要一定程度的技術。

根據專門業者的說法：「訣竅在於下刀部位要最小，像是脫毛衣般剝下毛皮。」實際上業者也是以令人佩服的手法，漂亮地剝除毛皮。這麼一來，海狗應該也能含笑九泉吧。不過要成為那樣的高手，要先有處理許多個體的經驗以及多年功夫。

業餘人士就不用提了，為了不要猶豫不決，反而在動物重要特徵部位（臉、耳朵、肛門、四肢等）多劃幾刀，或是切掉一部分等犯下不該犯的錯，我傾盡全力讓自己能夠細心謹慎地進行作業。盡量不在毛皮下面殘留皮下脂肪，是很重要的關鍵。假如在毛皮下殘留脂肪，就很有可能會發霉或長蟲，導致好不容易才製作完成的剝製標本，過不久就慘不忍睹。

此外，剝除毛皮的作業需要體力跟耐性。到了2公尺級的大型海狗的場合，光是剝皮就需要半天的時間，在這段時間內還得一直保持同樣的姿勢。曾經因為在剝除雌性個體毛皮時一直彎曲指頭，弄到沒辦法恢復原狀，造成手腕腱鞘炎等等。負責陸生哺乳類的博物館同事也因為這種作業太多，而在醫院被診斷為「網球肘」。剝製標本的作業對頸部及腰部的負擔很大，必須要有隔天全身的肌肉痠痛的覺悟。由於是很細膩的工作，需要長時間的專注力，精神上也會相當疲憊。

但也因此剝完毛皮很有成就感。雖然想要用啤酒乾杯，直接大睡一場，卻因為有接續作業在等著而無法這樣做。

剝下來的毛皮要用粗鹽或岩鹽在皮下那側仔細塗抹，再於4℃室溫下靜置幾天到一星期。由於皮膚含有大量水分，要利用滲透壓的作用來盡量去除水分，防止乾燥時的收縮。我個人將這個流程稱為「鹽藏」。

去除毛皮的水分之後，接下來要在10%的明礬液中浸泡約一個星期，保持毛皮的柔軟性。這個處理作業稱為「鞣製」，是製作剝製標本的關鍵之一。泡過明礬之後，才總算到了縫合階段。經過這樣一連串的作業流程，

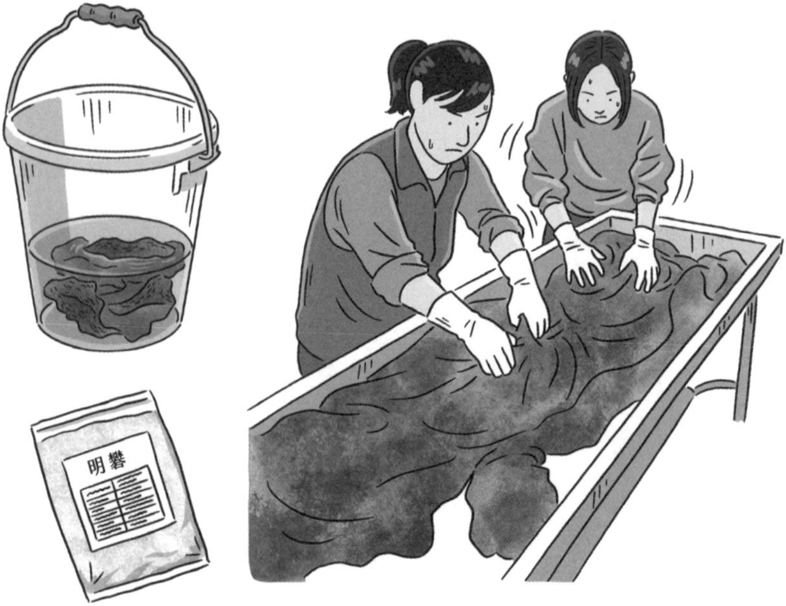

在海狗皮上抹鹽（右），然後泡到明礬液裡面（左）。

剝製標本才終於大功告成。

以製作剝製標本維生的業者，鞣製技術極為卓越，雖然這是他們的專業，要說理所當然也是沒錯，但是做出來的「鞣製毛皮」就是非常柔軟，讓人不由得想要用臉頰去磨蹭。是跟貴婦穿著的高級毛皮大衣或小牛皮（胎死腹中或出生一個月內的小牛的皮）鞋子同等級的成品。

我們就算是同樣以粗鹽和明礬液浸泡處理，通常也只能做出硬梆梆的硬毛剝製品。這讓人深刻體認到要成為某種門道的專家，絕對不是一蹴可幾的。

話說回來，我們製作的是研究用的標本，就算觸感比較差，只要能夠保留毛皮狀態或動物特徵就不成問題。但是在持續製作剝製標本之後，即使是研究用途，也會想要追求作品的毛皮柔軟度或可愛臉型，想想真是不可思議。

不光是我，研究者之間就像彼此炫耀自己最喜歡的布偶一樣，在剝製標本完成之後，也會自豪作品做得有多好。

除了海狗以外，海豹及海獅、海獺、北極熊等，只要是有毛皮的海洋哺乳類，都能製作成剝製標本。另一方面，身上沒有毛的鯨豚、儒艮、海牛就很難製作成剝製標本。即使有，也會跟本體相去甚遠。基於這個理由，鯨豚的剝製標本幾乎不存在。

標本是博物館的命脈

國立的研究博物館提出的主要使命有三項：「標本採集」、「研究」、

「教育推廣」。

其中最根本的就是「標本採集」。假如沒有標本，不論是「研究」或「教育推廣」都沒辦法進行。打個比方，就像是餐廳沒有食材，或學校沒有學生一樣。對博物館來說，標本可說是命脈所在。

但是對於海洋哺乳類，採集標本是極為困難的。就算是以必要的調查、研究為目的，想要照著人類的方便捕捉、採集都極為困難。

因此，現在基本上是把被拍打上岸的個體（擱淺個體）做成標本或活用在研究上，這已經成為全世界的共識。就像後面會提到，只要聽到在日本國內哪裡有鯨豚屍體擱淺，就有必要放下手邊所有的工作趕到現場去。

其他還有像是取得公部門移除（撲殺）的害獸，或水族館中飼養死亡的個體等等。只是不太可能有前述那樣，一次獲得80隻海狗的機會。

話說回來，應該也有人會質疑：「為什麼需要保存那麼多隻？」我平時就經常會被問到：「假如是同一種動物，有幾隻標本不就足夠了嗎？」若真是這樣，我的工作也就輕鬆多了。不過很遺憾地，只有幾隻的話以研究對象來說是完全不夠的。

一般認為，假如要了解一種動物的某種特徵，最少需要30隻個體供給研究和調查所需。除了構成該物種重要特徵的肋骨以及牙齒數目、頭骨形狀數值化之後的平均值、生產年齡、壽命、成體的平均體長等基本資訊以外，該物種有什麼樣的生態、行為、生活方式，和其他生物的共通性或差異性在哪裡等等，光是為了理解以上這些事情，資訊越多，就越能夠提升正確性。

我知道自己總是在說同一件事，不過和海洋哺乳類的標本相遇的機會，相較於陸生哺乳類是非常少的。妥善運用這些珍貴且難得的相遇機會，盡可能的採集、保管標本，才能夠在各種場合加以活用。

同樣是標本，卻會因為製作的方法而有不同種類，主要是下列三種。

乾燥標本：骨骼標本、剝製標本等

乾燥標本有骨骼做成的「骨骼標本」，以及像前述的海狗那樣，把毛皮剝下來重現生前樣貌的「剝製標本」等。

至於為什麼會製作這樣的標本，假如有抹香鯨或虎鯨的骨骼標本，就能

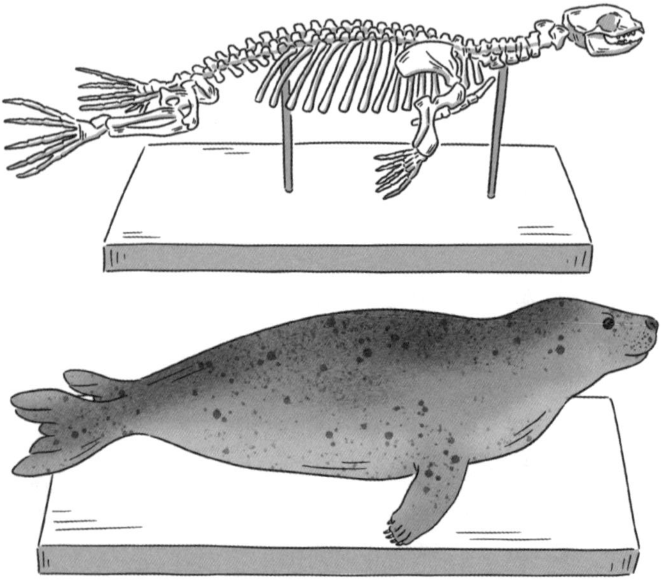

骨骼標本（上）與剝製標本（下）。

從肋骨和骨盤骨看出其為哺乳類的證據。另一方面，從脊椎骨和舌骨，也可看出雖然是哺乳類，卻有其特殊性。

而剝製標本方面，在調查海豹或海獅的剝製標本時，可以探究親子不同毛色的理由為何；在海獺的剝製標本，能夠觀察到動物界最高密度的毛髮構造。附帶一提，海獺在上了年紀以後，毛色會跟人類一樣從頭部開始變白。採集幼體（小孩）到成體（大人）的各種標本，放在一起進行比較，就能更正確地確認最新紀錄與資訊，並將成果透過博物館的展覽，淺顯易懂地傳達給更多人。

冷凍標本：保管在零下20℃～80℃的標本

人類社會產出的化學物質，會以環境污染物、內分泌干擾物質的形式，持續對生物造成威脅（請參照第七章）。為了要找出這類物質，就得先把擱淺個體的肌肉或皮下脂肪、臟器冷凍保存，交由專門機構進行分析。沒辦法立即調查的擱淺個體則先暫時冷凍，再另外找時間進行調查也是常有的事，因此科博的冷凍庫保存著各種動物屍體，等待調查研究的那一天。

浸泡標本：浸泡在液體中保管的標本

博物館有很多研究者的專長是分類學或譜系學，因此也是把海洋哺乳類的表皮或肌肉浸泡在99％的酒精中，活用在分類學或譜系學的館內外研究上。為了要知道特定的生物「吃什麼」、「在幾歲生產」等資訊的研究，對基礎生物學來說非常重要，所以從胃部採取的食物殘渣或生殖腺，也是做成浸泡標本保管。雖然浸泡標本也可以製作成冷凍標本保管，但是考量到使用冷凍機器的投資報酬率，永久保存會有困難，因此便是以浸泡標本的方式在常溫下保管。

最近還有3D或CT的數位資料，以及將其以3D列印出來當成標本處理的案例也增加了。隨著時代的轉變，標本的種類與型態也有了變化。

全身瀰漫「鯨骨湯」的臭味

水族館轉讓過來的那批80隻海狗之中，我們大多以「骨骼標本」的方式保管。

骨骼標本的製作只靠「煮骨頭」就能完成，流程非常單純。在煮之前要盡可能地去除肌肉，接下來就只是在放水的容器中一直煮而已。煮骨頭的容器只要是能夠長時間加熱，什麼都可以。即使是用來煮豬骨湯的大鍋，或是燉肉用的慢燉鍋也沒關係。

不過讓我來老王賣瓜一下，在我們科博內部有漂煮海洋哺乳類骨骼的祕密武器——那就是特別訂做的「晒骨機」。

晒骨機原本是醫學院為了製作人類骨骼標本而開發的裝置。因此，不同於一般的加熱機器，能夠自動控制溫度調節及蓋子開闔。而且科博擁有的晒骨機，特別設計成體長5公尺左右的史氏中喙鯨骨頭都能夠熬煮。

五年前，擔任我現職的山田格博士努力引進一台新的晒骨機，所以現在有一台是給陸生哺乳類用，另一台給海洋哺乳類用。

儘管是如此

在晒骨機中漂煮的骨頭。

貴重的機器，我們平時都叫它「鍋子」。之後若看到鍋子這兩個字，請記得「啊，是指那個特別訂做的晒骨機」。

雖然是很簡單的煮骨頭而已，在處理海洋哺乳類時，卻需要花點其他的工夫。最初要在人類體溫（37℃前後）煮1～2星期，分解動物性蛋白質。接下來為了要去除油脂成分，必須把溫度提高到大約60℃，再繼續煮1～2星期。

換句話說，光是煮骨頭這個過程，最短也需要2星期。

海洋哺乳類的骨頭內部為海綿質（像海綿般柔軟的網目狀組織），存在著許多小洞。油脂成分大量累積在那些洞裡面，需耗費時間煮骨頭，讓油脂成分完全從骨頭中去除，是提升骨骼標本「品質」的最大因素。

確實去除油脂成分之後，把煮汁丟掉取出骨頭，最後使用高壓溫水洗淨機及刷子清洗乾淨。這是為了要把殘留在小地方的肌肉和油脂也去除乾淨。

我非常喜歡這個清洗骨頭的作業。在清洗的過程中，骨頭的表面逐漸變得乾淨，從淺黃色變成奶油色，展現出美麗的骨頭本色。這點讓我非常開

使用高壓溫水洗淨機清洗，就能夠看到骨頭逐漸變得乾淨。

心，甚至感覺到藝術性的美感。根據同事的說法，使用高壓溫水洗淨機的我，不論是在操作水管或腰部的施力方式，看起來都非常有模有樣：「你能夠成為高壓溫水洗淨機專屬的廣告模特兒喔！」由於有這樣的吹捧，我總是率先答應要做最後的洗淨工作。

清洗結束後的骨頭，再透過常溫乾燥（風乾）的步驟，就能夠提升質感，變成更完美的作品。最近骨骼標本外觀的美感、線條的優雅程度，從藝術的角度也受到關注，有時候也會有美術館或藝術相關的出版社來談出借或攝影。這表示我的眼光可能沒有錯?!

製作骨骼標本除了用晒骨機之外，還有讓甲蟲（鰹節蟲又名皮蠹等）吃掉軟組織，或以年為單位埋在合適的場所，再將其挖出的方法等等。

為了能夠得到更好的骨骼標本，在科博裡也會參考海外的案例等，追加使用曝氣（在鍋子裡設置能夠釋出奈米或微米氣泡的裝置，和氧氣一起送出細微氣泡的方法）或是有機物分解酵素等，一步步改良

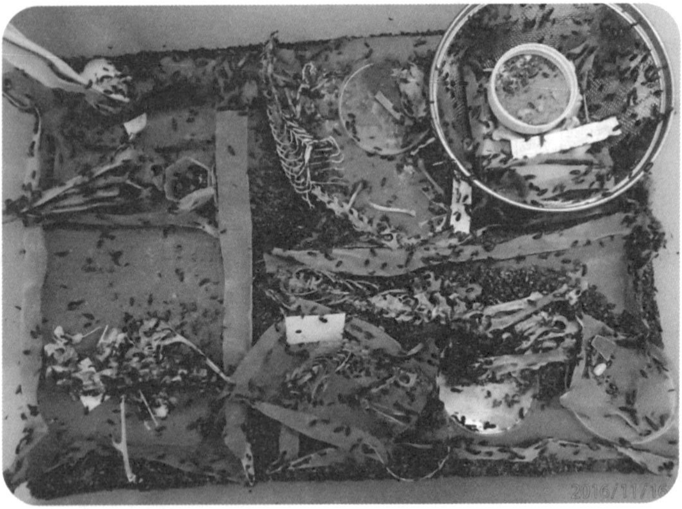

鰹節蟲啃食殘留在骨頭上的組織。

骨骼標本的製作方法。

話說回來，聽到在製作骨骼標本時需要「煮骨頭」，應該有不少人會聯想到拉麵的豚骨湯頭吧！

在煮新鮮鯨豚時，工作人員之間經常就會開玩笑表示那個煮汁可能可以做鯨骨拉麵。不過即使是新鮮個體，只要聞過那個氣味，絕對不會認為那是美味的湯頭。

而腐敗個體煮汁的臭味，就算是開玩笑，也絕對不會讓人想要提起湯頭的話題。那個氣味警告大家，絕對不可以嘗試將其放進口中。

製作骨骼標本的日子，從頭到腳全都被這個煮汁的氣味所覆蓋。假如沒有先淋浴沖澡，就沒辦法回到日常生活中。雖說如此，相較於對腐敗的擱淺個體進行病理解剖，也還不算太臭了（請參照第50頁）。

海洋哺乳類的體重非比尋常

製作標本也是場體力的考驗。

海洋哺乳類的骨骼相當沉重。在製作骨骼標本時，是把那些沉重的骨骼放入鍋子裡，煮好之後拿出來，一個個清洗乾淨之後，慎重地搬運到乾燥的場所，等到乾燥結束後再慎重地搬到收藏場所去。這一連串的作業，都需要相當的體力。

浸泡標本的搬運除了標本的重量以外，還要再加上液體的重量，所以更為辛苦。兩手各拿著一個20公升（20公斤）泡著福馬林的標本容器走動等，是我的家常便飯。

把運送過來的擱淺個體送去冷凍庫保管的作業，也是相當重度的勞動。特別是在2020年以後，新型冠狀病毒傳染病對策不允許複數的工作人員聚集在一起進行解剖調查，所以單人的負擔就加重了。前幾天也是只靠幾個人，就把15隻體長2・5公尺的海豚堆到冷凍庫裡。在零下20℃的冷凍庫中作業，也是跟寒冷的戰鬥，就連以體力自豪的我也幾乎快受不了。

海洋哺乳類比各位想像的還要重上許多。

在水族館中看到海狗表演時產生的印象，可能會覺得就算是女性一個

一頭海狗的體重相當於兩個白鵬。

人，也只要稍微努力一下就能抱得起來。但完全不是那麼一回事。海狗的體重，大大超過相撲力士的等級。

例如相撲力士橫綱白鵬的身高192公分，體重158公斤；體長2公尺的海狗約為300公斤，體重將近是白鵬的兩倍。

不只是海狗，海洋哺乳類的體重全都非常重。回到水中從重力解放之後的結果是沒必要靠自身支撐體重，大概是因為這樣，變得比從前在陸地時更能自由伸展，才長到這麼大吧！

即使是體長在1公尺左右的可愛海獺，成年以後的體重也會超過40公斤。以狗來說，就是杜賓狗（雄性）的程度。

而且，海洋哺乳類的力氣也非常大。

我聽水族館裡照顧海獺的保育員說過，他在和海獺玩的時候被拖進水中，頓時覺得生命受到威脅。雖然海獺只是天真地要找他「一起在水裡面玩啦！」但那個力氣卻不能等閒視之。

國外水族館也有過報告，負責海象的保育員無法擺脫在水中想要一起玩耍的海象，導致溺斃的案例。由於海象的體重超過1公噸（1000公斤），資深保育員也是賭上了性命在工作。

那麼，身為地球上最大哺乳類的藍鯨，體重究竟有多少？我們也很想要知道。

根據過去的紀錄，光是1根藍鯨的下顎骨頭，就有280公斤左右。不過藍鯨身軀過於巨大，其實並不存在正確測量全身體重的紀錄。因為體型太大，沒有能夠一次測量全身體重的機器。

以參考值來說，過去盛行捕鯨的時代將分割後的鯨魚各部位重量加總的數值，倒是還有留存。根據那些數據，體長28～30公尺的藍鯨，體重在150～190公噸之間。大型非洲象約為7公噸，所以相當於20～30頭非洲象。

就完整的科學性數據來說，例如2018年我參加過日本國內首次進行藍鯨擱淺的調查（參照第66頁）。

當時的藍鯨雖然剛出生幾個月，是還在喝奶的寶寶，體長卻有10．52公尺，體重推測大約為6公噸。我記得媒體朋友非常驚訝，異口同聲驚呼道：「這麼大的個體，只是剛出生幾個月的嬰兒？！」

體長10公尺，相當於三層樓高的建築物，體重和非洲象相當。假如這是還在喝奶的寶寶，母親究竟有多大呢？光是想像就會讓人瑟瑟發抖。

大型鯨魚的內臟也是格外地大

鯨魚的內臟尺寸大小，也是非比尋常。

加拿大的皇家安大略博物館（Royal Ontario Museum）裡展示的藍鯨心臟，高度為1・5公尺、寬1・2公尺、厚1・2公尺、重量約為200公斤。這是將2014年發現的藍鯨心臟，花了3年左右的時間做成的實物尺寸樹脂標本（用樹脂置換組織的水分及脂質而做成的標本）。

大型鯨魚除了心臟以外，其他臟器也都是特大尺寸。

以我的經驗來說，在調查解剖16公尺級的抹香鯨時，從心臟把血液送往身體的大動脈，就有消防車用來滅火的消防水管那麼粗。

收容內臟的胸腔和腹腔，空間約有四塊半榻榻米大。迪士尼的動畫電影《木偶奇遇記》當中，將小木偶的爸爸蓋比特（Geppetto）吞下肚的鯨王蒙斯托就是抹香鯨（原著中是鯊魚），那個空間大到讓人覺得木匠蓋比特或許可以在鯨王的肚子裡生活。繼續幻想下去若是藍鯨的話，會可能有如在超高層大樓中生活呢。

說到抹香鯨，以前有過這樣的事情。

為了測量在海岸擱淺的抹香鯨頭部重量，準備了吊車，裝載著能夠測量到40公噸的機器。當時的抹香鯨是成熟的雄性，體長16公尺，體重50～60

大到讓人覺得木匠蓋比特的故事也不是不可能（？）

公噸（估計值）。

雖然抹香鯨的特徵是頭部占比大，不過大家都認為只有頭部的話，40公噸的吊車秤應該足夠了吧！結果竟然超重無法測量。雖然問題似乎出在吊車及頭部的位置關係，但也能看出頭部的重量超出我們的想像，讓我感到人類的想像力相當有限。

以大型鯨魚來說，不論是肋骨或脊椎骨，就算只有單獨一根，想要一個人搬運還是相當困難。我在感受標本重量的同時，也因自己和如此巨大的動物生活在同一時代而欣喜雀躍。
不同於滅絕的恐龍，巨大的鯨魚在這個當下還存活在海中。運動大塊肋骨用肺呼吸，從巨大的心臟將血液送到粗大的血管中流動，與大塊脊椎連動，在大洋中悠游。我不禁為此而感動。
我一直認為如果能有更多的人，在博物館等地方近距離看到真正的鯨魚骨頭或心臟，並親身體驗它的大小那就太好了。百聞不如一見，沒有什麼比實體更好。光是看到一顆心臟，就能夠感受到鯨魚的壓倒性尺寸。這也是在博物館中展覽標本的意義之一。
話雖如此，科博縱然有大型鯨魚的骨骼標本，內臟的標本卻仍舊寥寥無幾。如果可以，我也想要製作前述的心臟實際尺寸標本，然後收藏、展覽。但因預算或製作場所的關係，在現階段製作鯨魚那麼大的動物內臟標本還是有其困難。
在新聞聽說前述安大略博物館的心臟標本時，伴隨著我的遺憾，也在瞬間意識到身為博物館人又有新的目標了。

擱淺是突發事件

在我的研究室中，每星期三會全體出動進行博物館的業務。所謂博物館的業務，就是跟標本相關的各種作業，包含標本的製作、整理與典藏。即使是跟個人研究無關的標本，在博物館中需要保管、典藏的標本也是極為大量，這類的工作都是在星期三，全員一起出動進行。

在其他的日子，個人可以自由專注在自己的研究或業務上。就我個人而言，除了標本製作與管理、研究以外，還要花時間撰寫論文或準備要提交給行政單位的文件、創建各種資料庫等等。期間還要出席會議，與參觀標本的訪客接觸往來，也經常接受媒體採訪。

然而只要一通電話，這種日常就會徹底改變，也就是擱淺的通報。所謂擱淺，就像在「前言」中提到鯨豚之類的海洋哺乳類被拍打上岸的現象（詳見第三章）。

擱淺是無法預測的。在收到通報之前，沒有人知道什麼時候、在哪裡、哪種海洋哺乳類會擱淺。當我還是學生的時候，有齣連續劇的主題曲《突

然發生的愛情故事》（ラブ・ストーリーは突然に）非常流行。「突發的擱淺」亦如是。

每當同事裡有人不小心說出：「最近都沒有關於擱淺的聯絡呢！」很不可思議地電話就會響，真是烏鴉嘴。

由於擱淺調查就是在和時間賽跑，因此一旦收到擱淺的報告，所有的作業就得即刻中斷，馬上開始著手處理。

海洋哺乳類經常是以屍體的狀態漂流到岸邊，時間過得越久，個體的腐敗程度就越高，病理解剖也變得越困難。此外，更加惱人的是以屍體方式漂到海邊或擱淺後死亡的海洋哺乳類，根據當地政府單位的判斷，將其視為大型垃圾處裡掉的例子也比比皆是。

對不關心的人來說，被拍打上岸的鯨豚通常都是只會發出惡臭的討厭東西而已。但是正如前述，屍體充滿了很多極有價值的資訊。透過盡可能的採集、調查和研究，獲得的線索不僅可以闡明擱淺的原因，也能讓我們瞭解目前為止還不清楚的生物基本資訊等等。因此我們會在鯨豚屍體被當成大型垃圾處裡掉之前，趕赴現場進行調查，做好各項安排。

首先，根據打電話來的人是誰，最初應對也會有很大的差異。電話另一端什麼樣的人都有，雖然大多數是發生擱淺海岸當地政府單位的職員、博物館或水族館的工作人員等，不過有時候也會接到正好去海岸而發現擱淺個體，直接跟我們聯絡的一般民眾。無論如何，假如對方對擱淺有相當程度的知識或經驗，事情就能夠順利進行。

特別當對方是博物館或水族館的工作人員時更是如此。光是透過電話交談，就可以大致

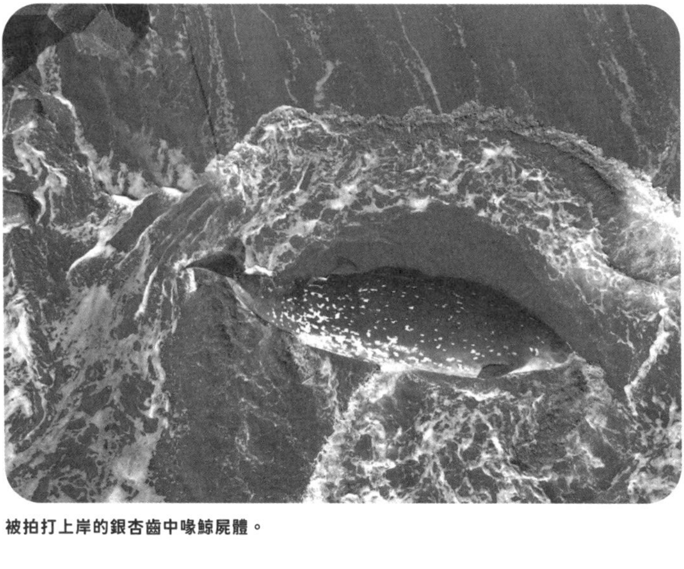

被拍打上岸的銀杏齒中喙鯨屍體。

了解是哪個物種，以什麼樣的狀態被打到海灘上，現在是什麼樣的狀況等等。

即使電話那頭是一般民眾，會直接跟科博聯絡的人，很有可能對擱淺多少有點認知與關心。因此就算不知道被拍打上岸的個體是哪個物種，也能夠問到個體大略的尺寸、背鰭有無、頭部外觀特徵等等，如果可以，還能夠請對方幫忙拍攝個體照片用電子郵件傳送給我們。這樣就已經能夠獲得相當多的資訊。

最需要小心應對的是當地政府單位。經常發現動物擱淺的地區是另一回事，但假如是第一次經歷這種事情的地區，為了不讓擱淺個體被當成大型垃圾處理，就必須做很詳細的說明，請求對方配合我們的調查活動。

除了做自我介紹以外，我也會說明博物館長年進行擱淺個體的調查活動，能從這種研究中能夠學習到什麼，為什麼得要進行調查等等。

假如很幸運地獲得當地的理解，並從照片中辨識出物種，了解現狀到某種程度之後，我腦袋裡的「擱淺算盤」就會立刻開始撥算個不停。換句話說，就是開始估價，準備編列預算。

同一時間，從列出能夠到現場進行調查的人員名單（不僅是科博的工作人員，還會利用全國的聯絡網詢問有經驗的人），到準備調查工作及工作服、搬運方法、飛機或是租車、安排住宿等，都必須要立即判斷並且採取行動。出發前的準備有如戰場。我經常是在早上接到電話，當天晚上就住進調查現場附近的住宿設施。不過最近可以使用博物館的車，出門變得更加方便。

在我剛開始進行這項活動的時候，搭乘電車前往現場是理所當然的。2001年3月，單單一個星期就有12頭史氏中喙鯨在日本海沿岸擱淺的時候，也是揹著塞滿調查工具的大背包，雙手提著沉重的工具箱和水桶，感覺自己的手指快要斷了，還要轉乘客滿的電車前往目的地。

不僅對我們來說很辛苦，也對周圍的乘客帶來很大的困擾。我在移動的時候都只能不停地說：「對不起、對不起。」雖然也經常會搭乘夜間巴士或臥鋪列車移動，光是不用帶著行李走來走去，就讓我有如身處天堂了。

調查結束後溫泉設施的異味騷動

現場的擱淺調查也是與氣味的戰鬥。

被拍打上岸的鯨豚屍體，分分秒秒不停地腐敗。如果是剛死沒多久的個體，大概只是像在家裡清理魚的那種魚腥味，或是有點內臟的氣味。但若是已經腐敗相當嚴重的個體，那就會有一種非常強烈、可怕的氣味。

儘管說著：「好臭、好臭！」但是一旦在解剖過程中接觸到腐敗個體，大家都是一丘之貉。氣味附著到全身上上下下，我們也同樣成為氣味的源頭。簡直就像是被喪屍咬了之後，就會成為喪屍那樣。

因此一旦開始調查，基本上幾乎不可能中途離開現場。為了防止感染，必須要戴口罩和手套，事前準備好包含食物的所有必要物品，唯一躲不掉的就是上廁所。

由於現場不能上野戰廁所，必須借用附近的公共廁所。當然，要先脫下沾有肉片和血液的雨衣、雨鞋、手套等，並且留意不要讓氣味沾到周圍去。雖然如此，還是經常沒注意到解剖時飛散到臉上或頭髮上的血漬，在走進公共廁所時嚇到人。

此外，即使是調查結束要回去的時候，異味問題也持續存在。雖然開博物館的車回去就不成問題，不過要是調查地點距離遙遠，可能就要留宿旅館。在這種情況下，處理氣味的對策遠比上廁所更令人頭痛。

進入飯店之前，把雨衣等裝進密閉度很高的袋子裡，換掉衣服、徹底洗手、擦掉飛濺到臉上的各種飛沫、用除菌消臭劑噴頭髮噴到讓人覺得：「不然

在解剖調查時的裝扮。

到底是還想怎樣！」

縱使如此，還是沒辦法完全去除氣味。因此在辦理入住手續的時候，為了能夠分散氣味，需要一個個分開，在不同的時間點進入飯店。搭乘電梯的時候也是比照辦理。

調查結束要搭飛機回去的時候更是困難。假如不換衣服就這樣搭飛機，絕對會因為異味引起騷動而讓飛機無法起飛。不過話說回來，辦理登機手續的時候應該就直接出局了吧！那個氣味就是這麼臭。

究竟要怎麼搭飛機回去？就是在去機場之前，先到當地的溫泉設施把氣味跟髒污給洗掉。其實在這邊也是會出亂子的。

跟在旅館辦理入住手續一樣，要先做好除臭對策才去櫃台辦理手續，前往女性專用的浴池。但是所謂的溫泉設施，在更衣室中也是瀰漫著蒸氣，沾染在我們身體上的氣味，便會隨著蒸氣在更衣室中擴散。

因此在周圍的人注意到之前，就算在更衣室中也一定要分散各處，迅速找個地方把衣物脫掉，移動到盥洗區。即使如此，仍然很常引發異味騷動。

感覺到異味的人，首先會開始檢查寄物櫃或垃圾桶。可能是在確認有沒有嬰兒的尿布或嘔吐物，接下來則會將廁所門一扇扇打開檢查內部。

有時候也會請設施的工作人員進來把窗戶關緊，以免異味從外部飄進來。雖然我很想說：「哎呀，那樣會造成反效果……。」不過這樣就會被發現我們才是異味的來源而將我們趕出去，這樣就沒辦法搭飛機了。於是只能在心裡默念：「抱歉抱歉，請原諒我們。」同時慌慌張張地前往浴室盥洗。

在一遍遍重複這樣的經驗之後，我學會如何極其迅速，幾乎是瞬間移動般從更衣室走到浴室，動作小到可以不讓氣味傳播到周圍去呢。

我問過男性工作人員有沒有遇過同樣的問題，他們卻說在男性浴場從來沒有發生過異味騷動。這真是讓人驚訝，難道氣味的感官是男女有別嗎？還是那並非嗅覺的問題，而是耐受度的差異呢？

我們的異味變成回憶的日子

關於擱淺個體，我寫了「好臭、好臭」。

不過老實說，可能是因為我畢業於大學的獸醫學系，從學生時代起就有很多解剖陸生哺乳類的機會，所以海洋哺乳類擱淺的腐敗臭味並不會讓我太過在意。不過話說回來，因為一定要趕著進行病理解剖，沒時間在意也是事實。

對於目標動物的感情可能也多少有些影響，其實我對魚貝類或兩生爬蟲類的腐敗臭味就難以忍受。我並不討厭魚貝類或兩生爬蟲類，應該說是我對哺乳類的愛很深厚的關係吧。

反之亦然。來到博物館的魚類或兩生爬蟲類的研究者，若是剛好看到我們的研究調查，有時候也會問道：「這個氣味，不論過多久都還是沒辦法習慣。你們都不在意嗎？」在那種時候，我便確信那些人對魚類或兩生爬蟲類懷抱著深厚的感情，就像我對哺乳類的愛沒有極限一樣。

順帶一提，氣味真的很不可思議。有次擱淺調查完，去新潟縣的溫泉設施時發生了這樣的事情。

那天的「更衣室問題」順利解決，在浴室好好地把身體洗乾淨，泡到浴池裡面，和同事一起享受短暫的相聚時光。

然而，同浴池的當地老婆婆卻喃喃自語著：「咦，為什麼會有鯨魚的味道？」

我和其他同事聽到她的話，不禁面面相覷，緊張地想說身上是不是還留著氣味。在那個時候我突然看到貼在自己手上的ＯＫ繃，不由得叫道：「原來是這個啊！」

那天在做鯨魚的病理解剖時，不小心用刀子割到手。雖然用ＯＫ繃做了緊急處置，卻把這件事忘得精光，就這樣去泡澡了。把ＯＫ繃湊近鼻子的時候，雖然只有一點點，的確還是留著腐敗氣味。而從那裡漏出來的味道，被老婆婆注意到了。

雖然我一邊反省那個疏失，但對老婆婆能夠正確說出這個異味是來自鯨魚，還是讓我佩服至極。

氣味是久遠之前的祖先所具有的感覺，有時候會喚醒和那個氣味相關的記憶。這位老婆婆很可能是從我的ＯＫ繃，回想起很久以前吃過的鯨魚吧。哎呀，這是跟氣味有關的有趣回憶。

這樣想來，以觀光為目的造訪溫泉的人，要是剛好碰到我們的異味，豈不是每次只要想起那個溫泉，也有可能再想到那股異味嗎？到目前為止受到異味騷動困擾的各位，我在此深感抱歉。那個時候的那種氣味，很可能就是來自我們。

由於今後也會繼續進行擱淺調查，此後遇到我們異味的人，大概也不會減少吧。雖然最近盡可能地用公務車移動，不過假如在某處聞到從來不曾聞過的氣味，也請大家多多包涵。

若是能讓大家想到：「今天，在附近的海岸有沒有鯨豚擱淺呢？」、「為什麼鯨豚會被拍打上岸來呢？」我們的異味騷動也就值得了。

再度回到海中的「怪獸」教導我們的事

現在地球上大約有5400種哺乳類棲息著，其中生活在海洋的哺乳類，大致可分成三個類群。

鯨類：鯨、海豚、淡水豚
海牛類：儒艮、海牛
鰭腳類：海獅、海狗、海豹、海象

相對於鯨類和海牛類是在海洋中度過一生，鰭腳類則是包含繁殖期在內，在陸地上度過較長時間。此外，與鰭腳類同屬於食肉目類群的北極熊和海獺，也是很難離開海洋生活的哺乳類。演化路徑雖然各不相同，現在卻同樣在海洋這個環境中生活。

我不時捫心自問，為什麼會如此受到海洋哺乳類吸引呢？對龐大雄偉的鯨感到敬畏，又因海豚可愛長相及動作覺得療癒。關於大型鯨魚，眾生望塵莫及的龐大體型，確實是吸引我的理由之一。

生物界許多物種都是體型大的雄性才會受到雌性喜愛。實際上，跟海洋哺乳類有關係的各處相關人員，壓倒性地以女性居多。聽說在研究鳥類的學者中，研究勇猛的猛禽類或大型鳥類的也是以女性居多，而研究可愛小鳥的則以男性較多。

我對鯨魚與虎鯨的巨大體型及完美姿態一見鍾情。而後在對海洋哺乳類有更深的了解之後，不只是外觀而已，也逐漸的被其人性，或該說是「哺乳類性」所深深吸引。換句話說，感受到牠們回到海洋之後，仍然以哺乳類的樣貌存在而驕傲。

關於呼吸的機制亦然。既然都回到海裡了，如果演化成用鰓呼吸，明明就能夠活得更輕鬆，但是海洋哺乳類仍舊用肺呼吸。

結果就是每隔一段時間，就要把臉露出海面（水面）吸入氧氣。即使剛出生還不太會游泳的吃奶寶寶，也會由母親引導著浮上海面。

此外，哺乳類最大特徵是生下寶寶並以母乳育幼，牠們也沒有放棄這點。在海中授乳不論對媽媽或對孩子來說，應該都很辛苦才對。

這麼想來，即使在海中也仍舊維持哺乳類的姿態，該有多嚴酷。縱然如此，我對於貫徹身為哺乳類的牠們感到同情，並對牠們以堅定意志選擇以哺乳類的樣貌在水中生活，留下深刻印象。

海洋哺乳類雖然將棲息環境轉移到海洋，但是正如其名，同為哺乳類、脊椎動物和恆溫動物，和人類之間的共同點也非常多。

舉例來說，在調查被打上岸的鯨豚時，雖然外觀跟魚類相近，但是內臟的構造及配置，卻和狗、牛以及人類一樣，這件事每每讓我感到驚訝。此外，在觸摸生活在水族館的海洋哺乳類時，也能夠感受到其為恆溫動物的溫度。

至於疾病，也經常罹患跟狗或貓、牛或豬以及人類相同的疾病。在這種時候，也會再次意識到牠們真的同為哺乳類。

在演化的過程中回到海洋，算得上是「怪獸」吧。但是為什麼回到海洋，在探索那個理由的過程中，我們人類才有可能能夠首次重新理解陸生的哺乳動物。相信這一點，今天我也努力的在進行研究。

直到科學博物館的特展準備好為止

博物館的主要工作之一，就是舉辦展覽。

在思考展覽的主題和故事之後，從非常多保管時間超過100年以上的標本收藏庫，或陳列著現在絕對無法得手的滅絕生物標本櫃中，挑選適合主題的標本。

展覽是科博的研究人員將平日的研究成果，介紹給一般社會大眾的重要場所。多一個人也好，想要盡可能讓更多人知道海洋或陸地生物的事情。並且希望能夠藉此培育後進的研究者，對生涯學習也能有所幫助。

以科博來說，展覽分成「企劃展」和「特展」。簡單來說，這兩者之間的差異在於「規模」。相對於企劃展是以科博的內部計畫來做，特展則是和企業共同舉辦。當然後者的預算充裕得多，所以展覽會場的面積大小、標本數量、展覽時間等等，在各個方面的規模都很大。

特展基本上是每年4次，展覽時間從3個月到半年不等，是策展人依照特展的主題來決定。但是在海洋哺乳類的場合則和昆蟲等不同，不能只說：「我去帶這回展覽需要的標本回來」然後就去採回來。因此，不管有沒有要辦特展，都要經常釐清在擱淺現場得到的骨骼或標本等是否能夠用來展覽。判斷可行的時候，就極力將其形狀或資訊整理成可以用來展覽，再加以保管。

在決定要負責主辦特展之後，就要立刻集合相關的工作人員，叫大家把腦中有的點子通通說出來，例如到目前為止的展覽中所沒有的故事、突破口或呈現的方式等等，組合出成為基礎的企劃案。

要用什麼當成「展覽重點」也很重要。以那個企劃案為基礎和贊助企業的承辦人一起討論，反覆檢討。我們經常在會議中向贊助對象提案說：「有這種有趣主題或適合這種主題的標本，這次要不要就用這個當主軸呢？」

特展在開始前及結束之後最為辛苦，也就是指設置作業及撤展作業。在設置階段，開幕日程是定好的，無論如何一定得要趕上在那天開幕。

即使這樣，設置階段常會發生各種各樣的意外，例如展覽用的容器破損、標本壞了、某個角落的標本數目看起來比原本設想的更加寂寥，有必要馬上追加，或反過來標本過多沒辦法全部放進去，只好減少數量，解說牌也要配合加以變更等，現場得要臨機應變，隨時加以應對。時間卻分分秒秒無情地消逝。

「不好意思，可以把這個標本移動到這邊，這個容器稍微往右移動一下嗎？」

「那個標本再往上吊高一點，會比較容易看得見吧。」

「哎呀，筑波那邊的那個標本比較好，現在還有可能換成那個嗎？」

諸如此類，即使只是更動一個標本也是件大工程，真的是手忙腳亂。明明從兩年前就已經開始著手準備……。

不過由於現場所有人都希望盡可能讓現場來賓開心有收穫，所以持續不停在現場提出更有趣更好的點子，也是為了這個目的。

不管事前在會議室看著展覽會場的平面圖，討論過多少次，還是要實際上在會場中展覽標本、搭配解說文字，才能夠確實看出要傳達的訊息是什麼，什麼是有必要的等等。
在重複累積這樣的經驗之後，現在進行每天的例行調查或研究時，已經會想著：「這個標本應該可以用在哺乳動物的演化展覽。」或是「這次的調查雖然很辛苦，不過為了確保能把生物的生態傳達給孩子們，讓他們看得開心，就算是值得吧。」把調查研究和展覽並行思考已經成為一種習慣。
在有限的時間和預算之中，把大家同心協力製作出來的標本展示給大家看的特展首日，假如從入館的來賓口中聽到這樣的聲音與讚嘆：
「哇啊，鯨魚的骨頭竟然這麼大！」
「海象的牙齒好酷啊！」
就會將所有的疲勞一掃而空。有時候還會在剝製標本的後面握拳說出：
「真是太棒了！」

第二章

拍打到沙灘上的無數鯨豚

與藍鯨的相遇

2018年8月5日，一個陽光明媚的星期日傍晚，當我在家裡悠哉地看電視時，看到一則鯨魚屍體被打到神奈川縣鎌倉市由比濱海灘的新聞。

「什麼！」

原本處於休息模式的腦袋，瞬間就醒了過來。在新聞片段中映入眼中的那頭鯨魚模樣，似乎是我當時還不曾見過的物種。

「難道是那種鯨魚嗎？」

某個預感掠過我的腦海。我馬上打電話給神奈川縣生命之星與地球博物館的樽創研究員，確認關於那頭鯨魚的資訊。樽博士是古脊椎動物學以及功能形態學的專家，並從事鯨豚等海洋哺乳類的研究，只要是在神奈川縣內發生的鯨豚擱淺，問他絕對沒錯。

實際上，樽博士已經獲得了不少的資訊。他說那天的下午兩點左右，有人在海岸邊散步時發現了在海邊漂流的鯨魚，並向警方通報，警察隨後就聯繫了鎌倉市政府及江之島水族館。媒體播報的時候，水族館的工作人員已經抵達現場，拍攝被拍打上岸的鯨魚照片，並且確認了現況。

只不過那天是星期日，正式調查得要等到隔天才會開始。

聽完樽博士說的話之後，我接著打電話給科博的山田格博士，討論接下來的計畫。總之，先看看水族館的工作人員拍到的鯨魚照片再做決定。

看到從水族館寄過來的照片時，我那「果然如此！」的預感成為確信——那是我從小就一直很嚮往的藍鯨。假如真是這樣，就會是日本國內第一起藍鯨擱淺案例。

藍鯨擱淺的由比濱海灘，是從我家開車可以抵達的距離。雖然我一邊想著「一切都要等明天去現場之後再說」，那天晚上和事前就約好的大學朋友一起吃晚飯時，腦中的「擱淺算盤」也一直算力全開，不停地高速運轉著。

假設是藍鯨，從學術調查準備及協調當地政府單位，一路設想到日本國內最初的案例會需要應付大量媒體等等。即使是回到家以後，也由於過於緊張而睡不著覺。

隔天早上不到六點，我已經抵達現場。因為聽說從早上六點起，鎌倉市及神奈川縣以及當地的博物館和水族館工作人員，就會集合商討關於處理這頭鯨魚的事項，我想請他們讓我一同參加。

在這個階段還沒有確認這頭鯨魚是否為藍鯨。不過胸鰭的形狀、深灰藍底色帶有點線條模樣的體色、鯨鬚（參照第88頁）顏色或形狀等特徵來看，已經無庸置疑。這是無論如何都不可以當成巨大垃圾處理，絕對要進行調查的個體。因此，就有必要取得神奈川縣及鎌倉市的理解同意。

根據日本政府（水產省）的公告，被拍打上岸的海洋哺乳類若是屍體，可以依照當地政府單位的判斷進行焚化或掩埋。但要是能夠獲得當地政府單位的許可，就能在病理解剖之後提交所需文件，把骨骼標本保存留作學術目的使用。

在第一章的時候已經提過，對那些不關心鯨豚的民眾來說，被拍打上岸的巨大海洋生物屍體，通常只是麻煩的東西罷了。因為內臟會不斷隨著時間腐敗，開始釋放出可怕的惡臭，就會有許多申訴電話打到當地政府單位去。我也十分理解這種想要立刻處理掉的心情。

所以像我們這樣的專家有義務前往現場，詳細說明那具屍體究竟具有多寶貴的價值。

雖然我已經習慣與當地政府單位的人員打交道，不過只有這個時候出於可以接觸藍鯨的興奮與不能失敗的壓力，神經比平時要來得緊繃，我記得比以往都還要有熱情。要點有以下三項：

①就科學性根據的案例來說，是日本國內首例的藍鯨擱淺個體。
②因此有必要盡可能詳細地進行學術調查，對研究有所幫助。
③由於擱淺的藍鯨個體是幼體，親代可能還在附近，所以找出此個體的死因非常重要。

包含上述事項在內，逐一詳加說明我們的調查活動及目的。當地政府人員們很認真聆聽，順利地從縣、市兩個層級獲得了調查許可，開始進行日本國內第一次的藍鯨測量拍攝，病理解剖、各種樣品標本採集乃至於系統性的調查。當時滿足與喜悅交織的心情，畢生難忘。

畢生難逢的機會

當天早上的上午7點鐘，天氣晴。我望著美麗的江之島，在早上清澄空氣中開始與巨鯨搏鬥。

首先是對擱淺藍鯨的全身及頭部、胸鰭與背鰭、尾鰭等進行攝影並且測量體長。接下來則是遵循世界通用的測量方法與部位，測量從眼睛到耳朵的距離，或是肚臍到肛門的距離。然後追加觀察有無外傷、寄生蟲，鯨鬚的狀態等等。

四小時之後因滿潮而暫停調查，為了避免鯨魚被海浪捲走，用起重機將其吊

到陸地上。

到了下午，鯨豚相關的研究者陸續從國內外聚集過來。以所在地的新江之島水族館為首，筑波大學、北海道大學、宮崎鯨豚研究會、宇都宮大學、長崎大學、東京海洋大學、日本鯨類研究所、首爾大學等等知名的學術機構精銳，集結在此組成調查團隊。我們國立科學博物館的工作人員，當然也以核心成員的身份參加。

僅僅發現一天就能聚集這麼多的成員，有賴於多次擱淺現場共同構築起來的聯繫網絡。但是更重要的絕對是研究人員自己想參與藍鯨調查的強烈意願。

研究鯨豚的人，遇到能夠實際調查藍

在鎌倉的海岸發現藍鯨。左側是頭，朝天仰躺著。

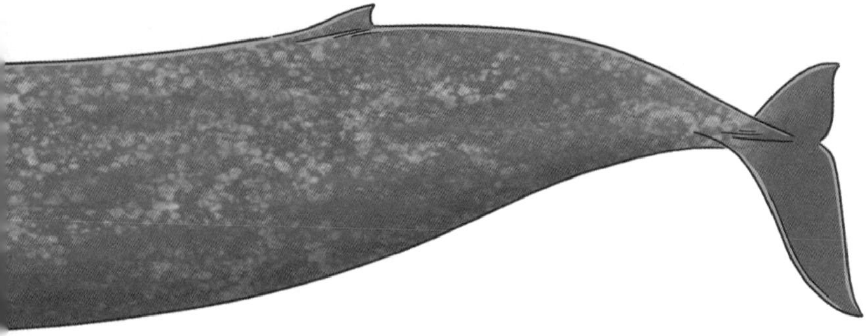

鯨的時候，一定是放下任何事情也要趕到現場去吧，因為可能一輩子不會再有第二次機會了。藍鯨在海洋哺乳類之中就是如此特別的存在，調查團隊的士氣異常高昂自然不在話下。

這天的調查中，就是要確認擱淺的鯨魚究竟是不是藍鯨。要判定藍鯨的特徵，主要有下列五點：

①深藍灰的體色，其中有像刮痕般的斑紋（白斑）。
②藍鯨特徵的胸鰭形狀。

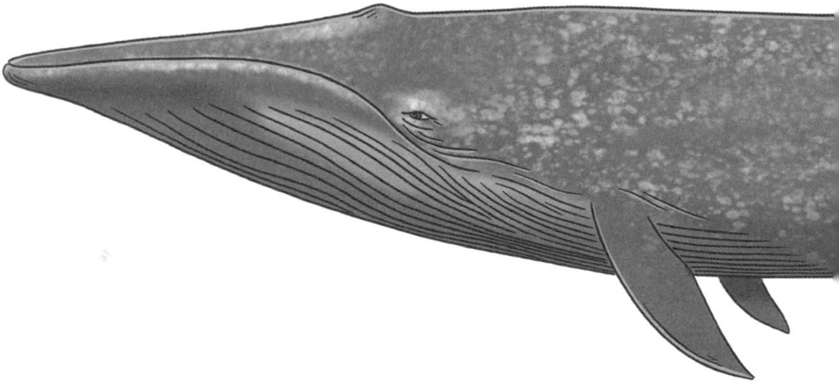

藍鯨。特徵在於大約有 25 公尺的巨大身體，以及全身的白斑。

③跟體長相比，相對顯得小的背鰭。雖然大型鯨魚通常是背鰭相對於體長會比較小，但是其中又以藍鯨為其典型的代表。

④深黑色的鯨鬚。雖然鯨鬚的顏色及形狀會因物種而異，不過藍鯨的鯨鬚特徵是深黑色。

⑤藍鯨特有的身體比例。頭部相對於體長的比例為多少，其他還有頭部脊狀隆起構造的位置（參照第93頁）以及數量、尾鰭和背鰭的形狀與位置等

等，以體長為軸時比例與位置、大小等都在確認後進行判別。在講到人類的時候，只要說身體的比例很好，就會聯想到是美女或是帥哥等其他意思，不過當對象是其他動物的時候，比例通常就是決定該物種為何的特徵。

我們知道那是體長10・52公尺的雄性幼體，可能只有幾個月大，還在喝母乳。此外，從腐敗程度推測應該已經死了好幾天，大概是在距離擱淺海岸不遠的外海死亡，再順著近岸水流漂到鎌倉海岸。

雖然鯨魚寶寶的死亡事件令人悲傷，不過我在心裡發誓，一定會進行嚴謹的調查，對未來的研究有所貢獻，讓牠死得有意義。

在鯨魚寶寶的胃中發現塑膠

我們原本想要當場就立即解剖、檢查內臟，以便確認死因及擱淺原因。但由於這頭鯨魚擱淺的由比濱海灘是日本知名的觀光勝地，所以跟政府單位商討後的結果，將內臟的調查改日於其它地點再進行。

當天傍晚，解剖後的鯨魚寶寶由兩輛5噸重的卡車載走。隔天一早開始，國立科學博物館、筑波大學、北海道大學、長崎大學、首爾大學組成的調查團隊便開始進行調查。

正式探究其死因。

就海洋哺乳類而言，由於外在因素導致死亡的案例也不少。所謂外在因素，是指個體外部有導致死亡的原因存在。代表性的例子有：①**船隻撞擊**；②**漁網纏繞**；③**鯊魚或虎鯨等外敵攻擊**。不過在觀察這隻藍鯨的外觀時，既沒有看到船隻撞擊時會出現的瘀傷或骨折，跟漁網纏繞的痕跡或撕裂傷，也沒有觀察其外敵鯊魚或虎鯨攻擊時的咬痕或捕食部位，就排除了外在因素。

接著調查內臟。當時為夏季，炎熱加速了內臟的腐敗，沒辦法全面調查，但並未發現明顯的疾病。

胃幾乎是空的，腸子裡有一些殘留物，這表示藍鯨寶寶出生之後都在喝母乳。

根據這些資訊，我們推測這頭剛出生幾個月的藍鯨寶寶，很可能是在死亡的幾小時前跟媽媽分開，沒辦法獨立生存而死亡。

解剖調查結束之後，全身的骨骼做成標本由國立科學博物館保管。由於是剛出生沒多久的寶寶，有些骨頭還很柔軟，柔軟的程度讓我感受到更沉重的生命重量，盡可能地把標本帶回科博。現在，這份骨骼標本仍舊慎重地保管在收藏庫之中。

在後續的共同研究中，我們首次獲得生活在北太平洋中的藍鯨部分遺傳資訊，並且與世界各地目前所知的藍鯨遺傳資訊進行比較（這是以宮崎大學西田伸博士的成果為基礎做介紹）。

只要知道遺傳資訊，也能夠知道藍鯨寶寶和分布於北太平洋沿岸的藍鯨是否為親戚，還是毫無關係等等訊息。遺傳資訊其實是讓我們知道各種訊息的工具。

此外，北海道大學的松田純佳博士對鯨鬚進行分析的結果，知曉藍鯨寶寶生前和母親一起在岩手縣外海洄游。這與日本在捕鯨全盛期時，在岩手縣外海捕過藍鯨的紀錄及分布區域是相符的。

鯨豚體表上會有各種各樣的寄生蟲。在這隻藍鯨的體表上，採集到數隻橈腳類羽肢魚蝨科羽肢魚蝨屬的「鯨羽肢魚蝨」一這種寄生性甲殼類。雖然根據報告，鯨羽肢魚蝨分布於世界各地的海洋之中，不過在那之前，在日本周邊只知道會寄生於小鬚鯨（與藍鯨同屬鬚鯨科）。因此，這是首次在日本周圍的藍鯨身上發現同樣的寄生蟲（這是根據鹿兒島大學的上野大輔博士的成果所做的介紹）。

此外，發現其體內累積了環境污染物（基於愛媛大學環境科學研究

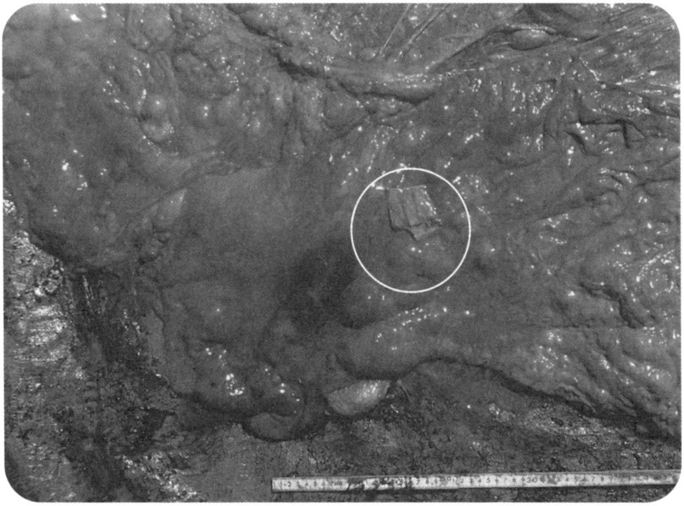

在胃裡發現的塑膠片。

中心的成果介紹）。進一步檢查內臟之後，在胃裡面發現一片直徑約7公分的塑膠片。

塑膠片與直接死因無關，但是從還在吃奶的鯨魚寶寶肚子裡，發現來自人類社會製品，令人震驚。根據神奈川縣環境科學中心的分析，確認這片塑膠片的材質是「尼龍6」（聚己內酰胺）。

鯨魚寶寶擱淺所在地的神奈川縣知事知道這件事之後，發布了「神奈川零塑宣言」。此事成為解決環境問題向前一大步的契機。

假如鯨魚寶寶的遺體被當成巨大垃圾焚化，這件事就無人知曉了。海洋哺乳類的屍體，不只闡明個體本身的生態，還能讓我們了解海洋的現況。

鯨魚會爆炸

與藍鯨同樣稀有，我原本以為一輩子都不會見到的鯨魚，是2007年8月在北海道苫小牧市的海岸擱淺，分類為鬚鯨的「灰鯨」。

灰鯨體長在12公尺左右，喜歡沿海區域，以生活在淺灘泥中的蝦蟹等底棲生物為主食。

雖然過去分布於北半球的大西洋和太平洋，但因人類濫捕導致北大西洋的族群滅絕，現在僅分布於北太平洋，也是世界上瀕臨滅絕的鯨豚物種之一。

即使是北太平洋的灰鯨之中，棲息在西北太平洋（包含日本周圍的俄羅斯、中國、韓國沿岸）的個體估計只有150頭，在瀕危物種名錄之中榜上有名。而這種稀有物種的其中一頭，就擱淺在北海道。

而且我還聽說擱淺的是雌性。西北太平洋的灰鯨還有許多未解謎團，至今仍不清楚是在哪裡生產，這更激發了我的探究精神。大多數生物都是這樣，為了要穩定地留下後代，雌性的數量會比雄性有更直接的影響。灰鯨也是如此。

我們這些博物館的工作人員立刻前往北海道。苫小牧市位於札幌以南大約70公里，面向太平洋。根據推測，對這個季節的灰鯨來說，這裡應該是為了要前往俄羅斯沿岸海域覓食而北上的移動路線。

到達苫小牧市的海岸時，幾位知名的研究者已經抵達現場。其中包括當時在日本鯨類研究所工作的石川創先生。

石川先生和我一樣是畢業於日本獸醫畜產大學的獸醫師，長年擔任調查捕鯨的團長參加南冰洋或沿岸捕鯨，也是經歷多次擱淺現場的大前輩。

那天是夏天，灰鯨腐敗的速度很快。

以體長12公尺的大型鯨魚來說，皮下的脂肪層非常地厚，有些物種甚至可以厚達30公分。活著的時候雖然能夠靠這層脂肪層保持體溫，但在死後這層脂肪卻妨礙體溫向外散熱，導致體內的腐敗加速進行。若是放置不管，體內大量繁殖的細菌持續不斷釋出氣體，讓身體像氣球般鼓脹，還可能會爆炸。

我曾跟造訪科博的孩子說過這段話。

「什麼——！」「鯨魚竟

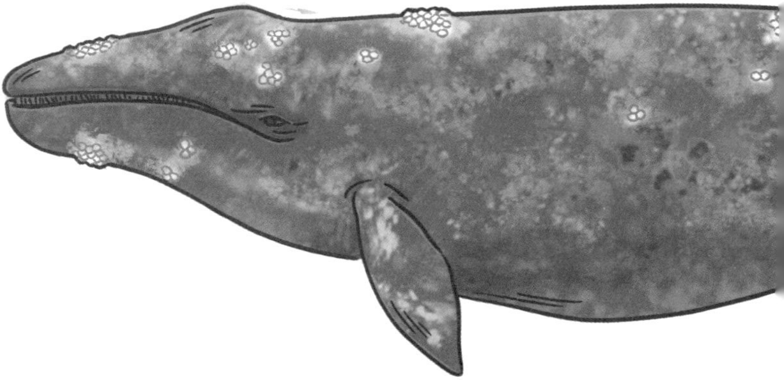

灰鯨。體長約 12 公尺，在背部有瘤狀隆起是其特徵。

然會爆炸嗎？」他們非常地興奮。

或許成年人很難相信我的話，但只要到網際網路的影片網站上搜尋，就能夠看到有許多人上傳大型鯨魚在市街中爆炸的真實影像。為了深刻理解為什麼不可以隨意接近擱淺在海岸上的鯨豚，有機會請一定要看看這些影片。

爆炸的前兆，專家一望便知。死後累積的氣體充滿整個身體時，胸鰭會隨著身體的膨脹而上舉，可以依照那個上舉的角度來推測腐敗的程度。

這時發現灰鯨擱淺才過了兩天，胸鰭卻已高舉到像在呼喊萬歲了。換句話說，就是腐敗得非常嚴重，氣體累積到快要爆炸的程度。只要再拖久一點，內臟就會融化到像液體，便不得不放棄病理解剖了。我們差點就失去這個千載難逢的機會。

解剖調查的「第一刀」由我負責。首先為了測量脂肪的厚度，將刀子插進鼓脹體表的肚臍位置時，出於內部的壓力而迸裂，隨著砰砰的響聲，皮膚的切口變長變寬，隨著刀子的前進，腸子也咻嚕咻嚕地滿溢出來。

「哇啊——！」我差點叫出聲來。但因這時以石川先生為首，周圍聚集了許多大前輩，所以我在身上沾滿飛散的灰鯨體液及脂肪的狀況下，仍盡量保持冷靜，默默地進行解剖作業。

擱淺鯨豚的解剖作業不論經歷過幾次都還是會非常緊張。雖然我已經將解剖順序牢記在心，還是有可能因一時的鬆懈或是注意力散漫等，錯過重要的資訊或在採取標本上有所疏漏，甚至割傷自己的手。等到回神時，已經為時已晚，後悔也來不及。

特別是這次的稀有物種更是如此，得盡可能地採集標本或資訊，留給後世。身為博物館的職員和研究員，深感責任重大。

有沒有看漏了什麼？有沒有漏做了什麼事？標本的採集是否有在各個部位適當地進行？為了標本今後在博物館的保管、管理，現在一定得做的事情是什麼？雙手不停，腦袋也在同時盤算各種各樣的問題。可能是因為這樣的關係，在調查現場通常是出乎意外地安靜。因為動手的同時，腦袋也加足馬力運轉，所以很少有人一邊說話一邊工作。

胸鰭已經高舉到像在呼喊萬歲的程度。

如果能將灰鯨的全身冷凍起來，慢慢想清楚要做哪些事情再來仔細進行調查就好了……。我有時會這樣幻想，現實情況當然不是這樣。

此時因腐敗程度相當嚴重，很遺憾地無法確定死因。但是根據乳腺發育程度，推測是達到性成熟的雌性灰鯨，而且有過妊娠經驗。

在胃部也發現了胃內容物，也就是說牠在移動時也曾在日本周邊覓食。原本聽說鬚鯨隨著季節會做大規模洄游，在移動時或在繁殖海域並不會積極進食，然而這次在灰鯨發現的胃內容物可能帶來新的見解。其他還取得許多基礎生物學的數據，並讓各個學術機關帶回這些資訊。

這是讓自己沉浸在滿滿的成就感，以及滿心喜悅的時刻。

「鬚鯨」和「齒鯨」

日本人自古以來就對鯨豚懷抱著一種特殊的情感。在還不知道海洋哺乳類與魚類差異的時代，就認為其不同於一般魚類，是某種敬畏的對象。

是由於巨鯨那種壓倒性的龐大體型嗎？又或者是同為哺乳類而感受到了

什麼？

目前，全世界已知的鯨豚約為90種，其中有一半左右是在日本列島的周圍棲息或洄游。日本是世界上獨一無二的「鯨豚王國」。

鯨豚可以大略分成「鬚鯨」和「齒鯨」兩大類。正如其名，口中有鬚板的是鬚鯨，有牙齒的是齒鯨。

首先從鬚鯨開始介紹。

現在全世界的海洋中，有4科14種以上的鬚鯨。光是聽到鬚鯨這個詞，可能沒辦法有什麼印象，但對日本人來說，熟悉的鯨豚也在這裡面。從秋天到春初，在小笠原群島或慶良間群島的海域，很受歡迎的賞鯨活動中可以看到的大翅鯨，就是一種鬚鯨。

鬚鯨類的特徵是身體龐大，分布於南半球的最小物種（小露脊鯨）也有將近6公尺。哺乳動物中最大物種的藍鯨也是一種鬚鯨，全長甚至可以超過30公尺。

讀者可能以為鬚鯨能夠長到那麼大，一定是吃高熱量的食物吧？但是鬚鯨通常過著非常健康（？）的飲食生活。儘管身體龐大，鬚鯨的主食卻是

磷蝦之類的小型動物性浮游生物、蝦蟹等甲殼類，也會吃沙丁魚、柳葉魚、鯡魚等成群生活的小魚。

吃這麼細小的食物，究竟是怎麼讓身體變得大，原因在於鬚鯨食量大得非比尋常。

鬚鯨中有許多物種都會做長距離的季節性洄游，春夏兩季為了尋找食物而前往寒冷的海域（高緯度地區）。每年這個時期，生活在南極和北極周圍的海洋浮游生物會爆炸性地增殖。鬚鯨就是為

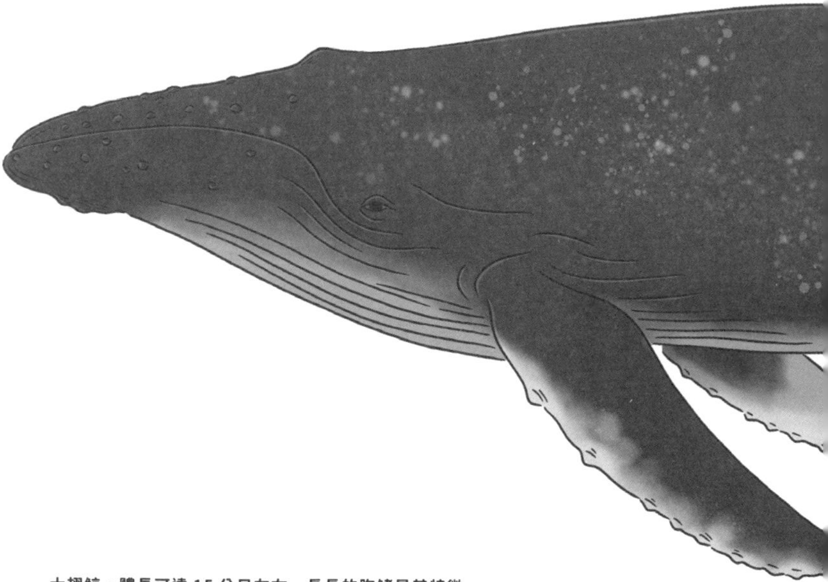

大翅鯨。體長可達 15 公尺左右，長長的胸鰭是其特徵。

了要能夠大吃特吃而移動，並且成功達到飛躍性的大型化。

在夏季獲得充分營養補給的鬚鯨，在秋季到初春之間會為了生產而前往溫暖的海域（低緯度地區）。這也是大翅鯨這種鬚鯨在日本的小笠原群島和慶良間群島海域出現的時期。一旦繁殖期結束，就會帶著幼鯨再度前往北方食物豐富的白令海，在那裡把肚子填飽。

鬚鯨輕鬆寫意的攝食?!

聽到鬚鯨這個名字，有人可能會想像長著鯰魚長鬚的鯨魚。但是正如前述，鯨鬚便是長在口中的鬚板，在外觀及功能上，跟人類的鬍鬚有很大的不同。

鬚鯨在演化過程中獲得了獨特的攝食方式，為了要盡量不費力地獲取食物，改變了頭部的構造，長出鬚板，並且獲得用這個鬚板將餌食生物從海水中過濾出來吃掉的方法。

鬚鯨的進食方式主要可以分成三種：

①瓢濾（skimimg）

鬚鯨類中的露脊鯨攝食方式稱為瓢濾。由於露脊鯨類的上顎像弓般大幅彎曲，和下顎之間有相當大的距離，所以口中就有很大的空間。

上顎有個又長又大的三角板形狀，由無數的細纖維構成的「鬚板」從那裡往下垂，就好像居酒屋入口的暖簾。鬚板正如字面上那樣呈板狀，沿著上顎密密生長，那整體即稱為鯨鬚。

一般認為鬚板就像人類的指甲或皮膚，是由角蛋白（一種硬的蛋白質）變成，也是由口腔內的黏膜角蛋白化所致。因此，只要摸摸自己的指甲，應該就能夠體會最接近鬚板的觸感。只不過鬚板在乾燥之後，會堅硬到一個不小心就會割傷手，所以觸摸時要當心。

至於露脊鯨為什麼會有著如此獨特的弓形上顎及長長的鬚板，是因為那可以讓牠們在游泳時只要稍微張開嘴巴，就讓作為主食

長鬚鯨的鬚板

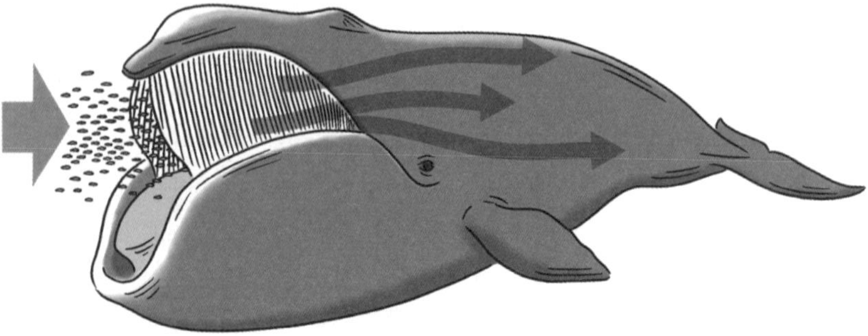

瓢濾。

的磷蝦和浮游動物隨著海水不停地流進口中。接下來只要用位於口中的「鬚板」當成濾網，只把食物留在水裡，讓海水從嘴角流出去就好。這是效率極佳的進食方式。

鯨鬚的顏色和形狀、纖維（剛毛）的特徵和顏色，會因鬚鯨的物種而異，所以能成為辨識物種的線索。例如鬚鯨中鬚板最長的這種露脊鯨類之中，北太平洋露脊鯨和弓頭鯨的鬚板就有著2公尺左右的紀錄。

翻犁。

附帶一提，露脊鯨的鬚板由於其長度且富有彈性，西方會用來製作女性的束腹馬甲或小提琴的琴弓，在日本則是會被加工做成釣竿、扇子、梳子、機關娃娃的發條等材料，直到今天也還很受到重視。

②翻犁（plowing）

只有鬚鯨類的灰鯨會使用這種攝食方法。灰鯨的主要食物是棲息在淺海底的泥中的螃蟹和端足類等底棲生物，雖然沒有露脊鯨那麼明顎，不過上顎還是稍微拱起，讓口腔內的容積變大。為了要吃底棲生物，會讓身體的右側朝下（雖然大多數是以右側朝下，不過仍舊不清楚原因），再從稍張開的口部右端將食物和海底泥沙一起吸進口中，再由左邊把水和泥吐出，用鯨鬚過濾後，將留在口中的食物吞下去。

不知道灰鯨是不是由於食物位於靠近海岸的海底，不論是棲息海域或是洄游路線都離海岸很近。美國的加州等地經常從陸地上就看得到灰鯨的身影，所以很盛行賞鯨。灰鯨是加州外海很受喜愛的鯨魚。

此外，灰鯨會很頻繁地將頭從海面上伸出來（稱為浮窺）。雖然這可能是為了要確認地形和周圍的景色，但是搞不好是在觀察人類的生活。「人類今天是不是也在努力工作呢？」我經常這樣想。

③吞飲（gulping）

鬚鯨的進食景象以動魄驚心而知名。雖然上顎沒有露脊鯨那麼彎曲，不過相反的是下顎與頭骨的關節以強韌的纖維連接在一起，就像蛇吞進大於自身的食物（雖然構造不同）那樣，能夠把顎部大開，一口氣把大量的海水

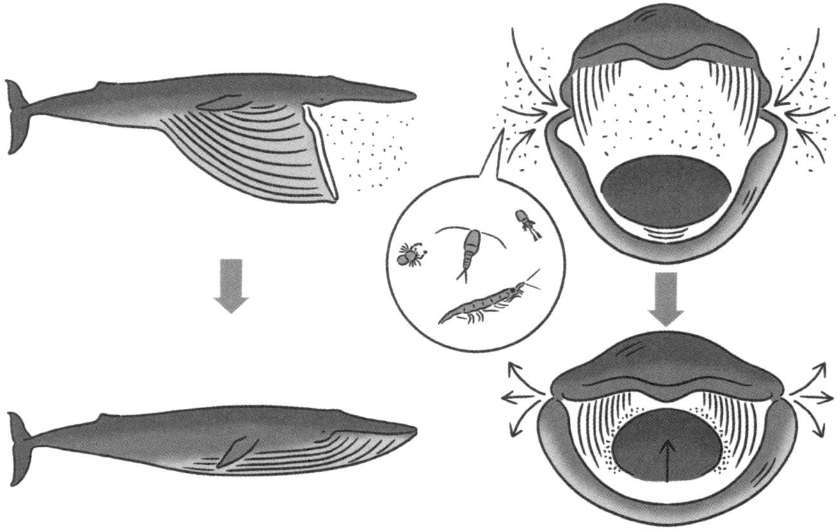

吞飲。

和食物一起吸進口中。

請大家記住，一般來說，鯨豚的皮膚幾乎不會伸縮。特別是大型鯨魚的皮膚非常厚，有豐富的纖維成分，所以幾乎可以說是完全不具伸縮性。

但是鬚鯨為了要進食，在演化的過程中讓腹部側的皮膚擁有稱為喉腹褶的皺褶，像是手風琴般製造出伸縮性，由喉部延伸到接近肚臍。鬚鯨在攝食的時候，究竟是怎麼使用這個皺褶狀的喉腹褶呢？

正如前述，吸入口中的大量海水及餌食生物，會一口氣流進位於喉腹褶部分的皮下的空間，稱為腹囊（ventral pouch）。接下來就使用下顎和舌頭、喉腹褶的肌肉，讓食物和水再度回到口中，再利用鯨鬚的過濾作用，只讓食物留在口中，海水則從口中排出，進行超乎我們想像的大型「狼吞虎嚥」。

像藍鯨或長鬚鯨這樣的大型物種，由於攝入喉腹褶部分的海水及食物實在太重，只靠自身的力氣無法負荷。因此，會讓自己成為仰躺姿勢，利用重力把水排出去。喉腹褶部分被海水及食物撐得鼓脹之後，會讓頭部變得異常的大，看起來像隻超大的蝌蚪。正是得益於演化過程中獲得的特殊構造，鬚鯨科的鯨魚們才能長得如此巨大。

屬於鬚鯨科的大翅鯨，有更為獨特的方法。雖然也會像其他鬚鯨類一樣進行吞飲，不過目前已知牠們在這種時候，竟然還會和同伴合作驅趕捕魚。

大翅鯨發現魚群的時候，幾頭鯨會從噴氣孔（外鼻孔）噴出泡泡，彼此保持相當的距離，像是在畫圓圈般，邊游泳邊朝著海面上升。魚的周圍就會

氣泡網捕食法。

馬上出現氣泡網，把魚關在裡面使其無法逃脫。

然後看準魚群聚集到水面上的時機，同伴各自一口氣將魚吞進口中。那個場景實在太像是近身肉搏，讓人不禁擔心會一個不小心就將同伴吞吃下肚呢。

這是只有大翅鯨這個物種才看得到的覓食行為，稱為氣泡網捕食法。展現出同伴同心協力行為的野生動物非常罕見，證明大翅鯨是非常高度社會性的動物。

追蹤充滿謎團的齒鯨

有牙齒的齒鯨，也非常引人入勝。

目前世界上的齒鯨有10科76種，在深海中吃烏賊類的抹香鯨也是齒鯨。除了巨大體型的抹香鯨之外，齒鯨通常是中型到小型的物種。雖然有牙齒但並不用於咀嚼，在捕捉獵物時有時也會用到牙齒，不過幾乎都是直接把獵物吞下肚。在水族館中很受歡迎的瓶鼻海豚和太平洋斑紋海豚、虎鯨、偽虎鯨都屬於齒鯨類。

此外，齒鯨類中有個類群稱為中喙鯨屬，在全世界大概有15種。雖然日本近海有哈氏中喙鯨、銀杏齒中喙鯨、史氏中喙鯨、柏氏中喙鯨這4種分布，不過這些名字對大部分的人來說大概都很陌生吧。實際上，其生態至今也仍舊充滿謎團。

水族館幾乎沒有飼養紀錄，身影也幾乎未曾被人類看到。換句話說，想要對活生生的中喙鯨屬進行研究是世界級的難題。但是冬季的日本海沿岸，頻繁會有史氏中喙鯨擱淺，太平洋沿岸則是全年都會有銀杏齒中喙鯨、哈氏中喙鯨、柏氏中喙鯨這3種擱淺。充滿謎團的鯨豚擱淺，我們當然不會錯過這種機會。

2001年3月，在日本海沿岸各地，僅僅一個星期就發現總計有12頭史氏中喙鯨擱淺，讓我們這些相關人員大為忙碌。

我剛在佐渡島調查完一隻個體回到新潟縣兩津港，就接到秋田縣的聯絡說有別隻個體擱淺。而在能登半島的海岸進行調查時，在半島的另一側又發現了一頭，於是又再趕過去。就是這樣的一星期。

在這12頭之中，只對7隻做了調查。

總而言之，冬季日本海沿岸的寒冷，真的是只能用嚴寒來形容。不是只有氣溫低而已，還會下大雪，只要待在海岸，北風就會毫不留情地一直吹過來。在這種時候，我的腦海中總是不停迴盪著鳥羽一郎先生的《兄弟船》這首歌。作業的時候由於身體有在動，多少還能夠抵禦寒冷，但是只要停下手邊的作業幾分鐘，雙手馬上就會凍僵、身體不停地顫抖，暴風雪的時候整個人幾乎都會被吹跑。

不只是人而已，就連相機的快門也按不下去，要放樣本的保存液也會結

偽虎鯨。體長約為 3 公尺，渾圓的頭部是其特徵。

凍，冬季的日本海沿岸就是有那麼冷。

當初還不習慣現場環境的時候，因為立刻就會覺得冷，資深的前輩老師們會拿我的名字（木綿子）開玩笑說：「這種雪只不過是木綿吹雪而已啦，應該完全沒問題吧。」但是在嚴寒之中，一星期就有12頭擱淺，就連諸位老師也好像只能投降了。

至於我呢，在調查到第4頭的時候，就開始感到身體發冷，作業結束的回家途中

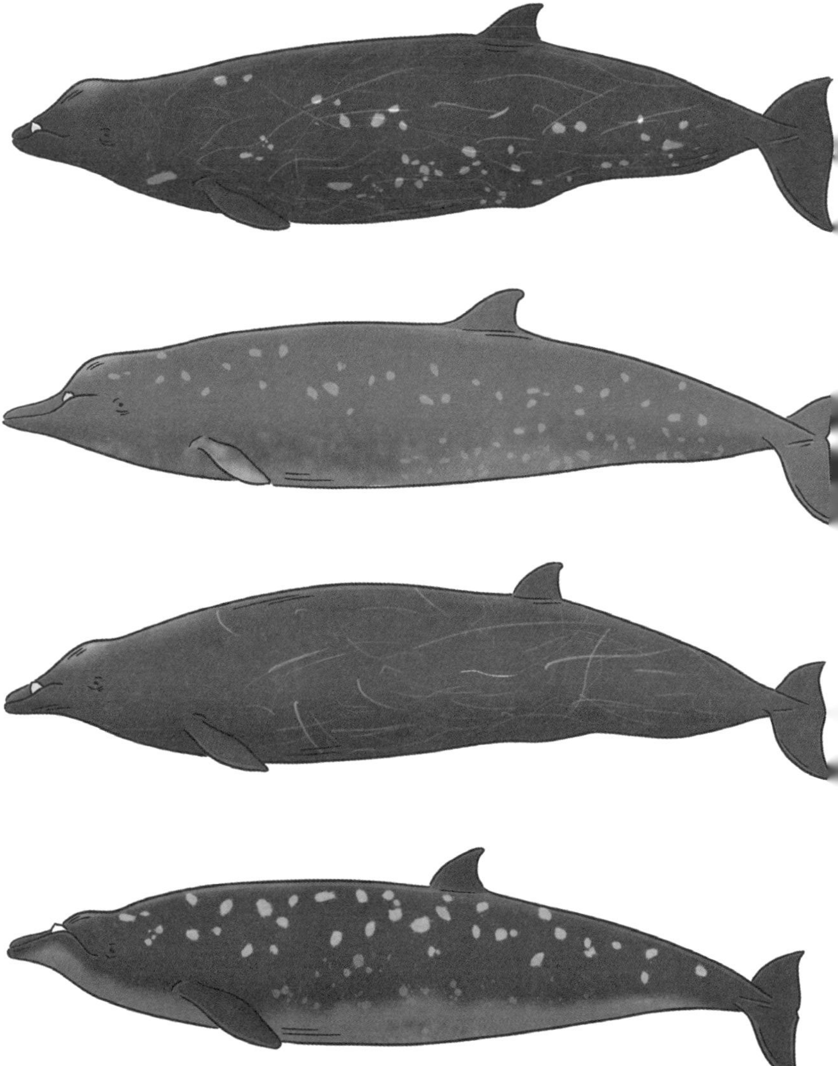

從上至下分別為哈氏中喙鯨、銀杏齒中喙鯨、史氏中喙鯨、柏氏中喙鯨。體長在 5 公尺左右，具有扇形的牙齒。由於外觀非常相似，就連專家也很難分辨。

發燒，接著生病睡了好幾天。

雖然是很艱辛的現場工作，卻也有很大的收穫。我把到目前為止已知的中喙鯨主要研究成果列在下面。

以遺傳解析推測血緣關係

只要調查基因的某個部位，就能夠了解個體之間的血緣關係。分析擱淺中喙鯨個體基因的結果，瞭解到日本海沿岸好像大致可以分成兩個母系集團（母親的祖先是由二群所組成）。

體長與體重的數據

新生兒誕生時，體長約2公尺。雄性成體的體長約5公尺，體重約1公噸。中喙鯨有雌性體型比較大的傾向，雌性的體長約為5・2公尺，體重也可達1～1・5公噸。

在幼年期具有特殊體色

喙鯨科的鯨豚只有幼年期的體色會和親代不同，身體的顏色為淡黃，額頭到眼睛周圍、背側是黑褐色，這是生物的生存策略之一。在海洋環境中，牠們的天敵——鯊魚和虎鯨是從海洋深層往上方看，並從那裡盯上獵物。從深層往上看表層的時候，能夠確認到受太陽光照射而產生的獵物影子。這樣一來，身為獵物的動物為了要盡可能不被發現，就以腹側變白的方式，即使受到太陽光照射也不會產生影子，以結果來說就是不容易被外敵發現。雖然並不是所有的海洋生物都能做到這樣的事，不過在觀察所有鯨類的時候，會發現大洋性物種的腹側幾乎都偏白色。

以牙齒判斷年齡

「樹齡1000年的屋久杉」的數值，是計算年輪所獲得。包含中喙鯨在內的齒鯨類年齡，就和樹木一樣可以靠著計算牙齒上形成的年輪而得知。想要獲得某動物是在幾歲生產、幾歲達到性成熟等生物基礎資訊時，年齡是絕對需要知道的要素。

大家可能會認為這些項目全都非常基本。可是包含海洋哺乳類在內的野生動物之中，有不少物種的這類基礎資訊至今仍舊完全不清楚，中喙鯨們也不例外。

明明有牙齒卻囫圇吞烏賊的鯨豚

雖然前文說齒鯨類有牙齒，但是牙齒的數量卻會因物種而有很大的差異。有些物種雖然是齒鯨，但牙齒數量卻大幅度減少。如瑞氏海豚、抹香鯨，以及中喙鯨屬在內的喙鯨科就是其代表。

喙鯨科只有成熟的雄性才會長牙齒，而且只有下顎左右各1～2對，雌性則終其一生都不會長牙齒。

話說回來，齒鯨類的牙齒是所有牙齒都呈同樣形狀的「同形齒性」，不具備將食物咬碎的咀嚼功能。雖然虎鯨和瓶鼻海豚也是一樣，但是牠們有許多牙齒，可以用來捕捉或咬住餌食生物。而喙鯨科不但只有雄性才有2～4顆牙齒，而且就像我一再重複所說，雌性一輩子都不會長牙齒（！）。

像這樣讓牙齒數目減少的鯨豚有個共同點，就是以烏賊類為主食。這樣看來，捕食烏賊好像不必用到牙齒，但是從人類的觀點，烏賊不是沒有牙齒就無法食用的代表性食材嗎？

那齒鯨是如何捕捉烏賊的呢？其實就是吸入口中再整個吞下去，什麼味道就不管了。一般認為由於此時沒有使用牙齒的必要，以烏賊為主食的鯨豚就讓牙齒的數目減少了。

再加上牙齒在喙鯨科中，扮演了雄性第二性徵的重要功能。換句話說，牙齒是求偶的工具。就跟亞洲象的牙或鹿的角一樣，在繁殖期為了爭奪雌性而打鬥時使用，或是對雌性求愛展示時的象徵。像這樣雄性和雌性在外觀上的不同，稱為「兩性異型」（sexual dimorphism）。

在喙鯨科的成熟雄性體表，經常可以看到打鬥痕跡的傷痕（被對方牙齒劃出兩條平行線般的傷痕）。

由牙齒產生的聯想，我想到奇幻動物獨角獸由來的一角鯨。一角鯨也是齒鯨，分布於北極圈的海洋中。從上唇延伸出來尖細鑽頭的東西很像「角」，所以歐洲就從一角鯨延伸創作出「獨角獸」這種奇幻動物，在各

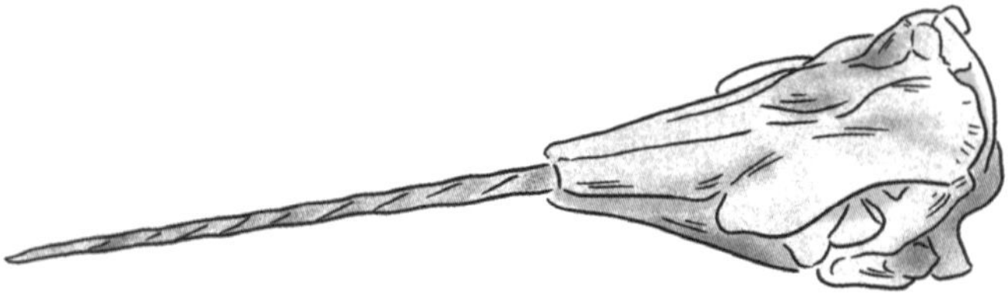

一角鯨的角其實是牙齒。

種故事中登場。不過一角鯨的「角」並不是角，如分類地位所示，是很發達的牙齒。

此外，一角鯨的這個齒，也是只有成熟雄性的才會變大，雌性跟幼鯨從外觀都看不到牙齒。雄性是左邊的門齒邊旋轉邊發達，貫穿上唇的皮膚成長到將近2公尺。

對一角鯨來說，牙齒不是用來幫助消化食物的器官，而是求愛展示的象徵。也許只有具又長又酷牙齒的雄性才有社會地位，准許對雌性求愛呢。

香奈兒№5是抹香鯨的氣味？

我在第一章的部分，已經介紹過在解剖鯨豚屍體、進行調查時會「全身沾滿惡臭」的話題。為了幫鯨豚洗刷污名，在此也想要介紹一下關於鯨魚香味的故事。

從紀元前的古代，世界各地就已經珍視一種會發出香味，淺黃色到黑褐色的塊狀物體，稱為「龍涎香」（ambergris）。只要在海邊找到這種塊狀物體，回教徒就會用來製作成薰香淨化場地，埃及人則是用來奉獻給神，在猶太文化的聖經中也有龍涎香登場。

龍涎香的香氣相當受到喜愛，並因其稀有，一度讓龍涎香流通價值等同黃金。

根據阿拉伯的傳說，在西元六世紀左右，有人發現被拍打上岸的黑褐色塊狀物體散發出無法形容的香氣，並將其獻給當時的波斯帝國皇帝，那便是龍涎香。從那時起，龍涎香跟麝香並列為最高價的天然香氣素材，在雪赫拉莎德皇后花了一千零一個夜晚對波斯王說故事的《一千零一夜》（又稱天方夜譚）中也經常登場。

在中世紀歐洲的貴族社會很流行皮手套的時候，也會利用龍涎香來幫手套增加香氣。到了20世紀以後，成為香水產業中不可缺少的香氣素材，對香水很熟悉的女性應該會注意到，香奈兒的五號香水就是以龍涎香為主成份調製而成。

那麼，黑褐色塊狀的龍涎香究

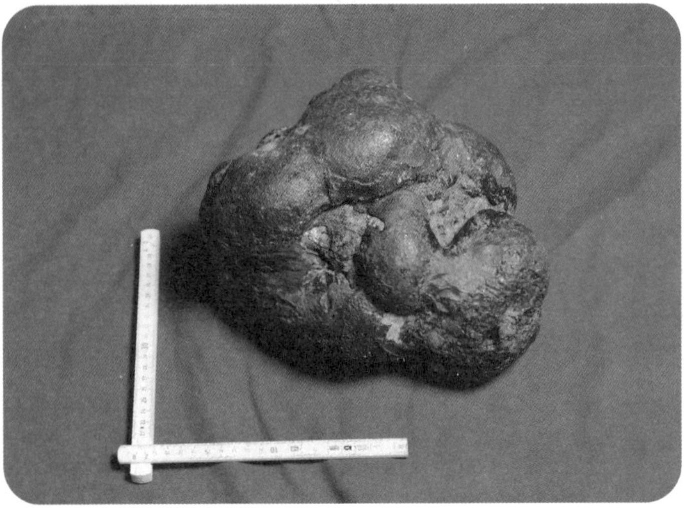

在抹香鯨的腸子裡生成的龍涎香。

竟是什麼？正如最開始所說是來自鯨魚，而且竟然是抹香鯨這種齒鯨腸子裡的「結石」。

龍涎香的真面目即使到了19世紀也仍舊不清楚。直到後來捕鯨盛行，並在抹香鯨的腸內發現，才闡明其出處。

為什麼在製造糞便的腸子裡，會製造出帶著傳奇香氣的結石呢？

龍涎香的主要成分是名為「龍涎香醇」（ambrein）的有機物，與膽固醇的代謝物。雖然龍涎香醇越多的龍涎香，價錢就越高，但這個物質本身並沒有香味，要等太陽的紫外線或食物中的銅發揮作用，使氧切斷龍涎香醇的構造，才會產生香氣成分「降龍涏香醚」（ambroxan）。

在製作香水時，是將龍涎香浸泡在5％左右的酒精溶液中，置於低溫環境，再花幾個月的時間熟成。這樣一來，就能夠生成更多的降龍涏香醚。這種香氣帶有獨特的甜味木質調，並且微微混有海洋基調。

無論如何，龍涎香至今仍是傳說中的珍稀物品。因為到目前為止，龍涎香還是只能在抹香鯨的腸子裡發現，而且從抹香鯨的腸子裡發現龍涎香的機率，據說是100頭中有1頭，或是每200頭中只有1頭。

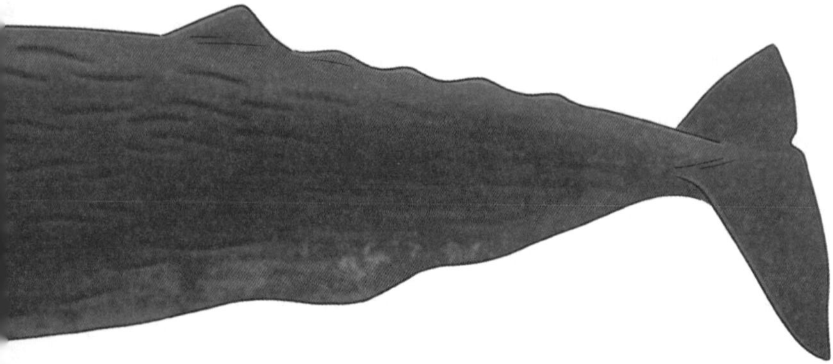

現在全世界全面禁止捕獵抹香鯨，要獲得新的龍涎香，只能和紀元前一樣碰運氣，等著它漂到岸邊或被打上岸。

但也有好消息。根據新潟大學佐藤努教授的最新研究，更加詳細闡明龍涎香主要成分龍涎香醇的合成過程。要是這個過程廣泛普及到世界各地，不僅只有瑪麗蓮夢露，就連我也有可能過上「睡覺的時候滴上幾滴香奈兒五號香水」的生活呢……。

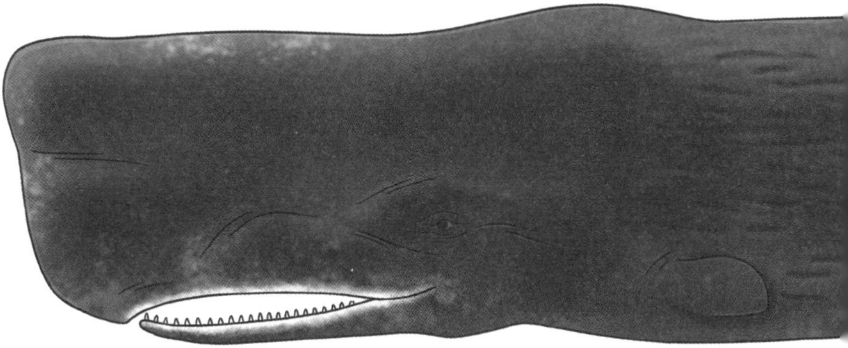

抹香鯨。有著可達 16 公尺左右的巨大身體，及巨大略呈方形的頭部。

科博的標本庫保管了幾顆龍涎香，因此可以觸摸或嗅聞龍涎香的實體。不過實際聞起來卻很像老舊的櫥櫃……，硬要形容的話就是麝香調，或者說是接近古典的香氣。

辦展覽會的時候也會拿出來展覽，有機會的話請一定要親自聞聞看。

其實抹香鯨還有另外一個很大的特徵，在形狀獨特的頭部裡面有稱為「腦油」的油脂成分。過去為了要得到這種腦油，將抹香鯨當成最佳的捕鯨對象。

抹香鯨的腦油從食用、燃料用乃至藥用，用途廣泛。至於為何只有抹香鯨既有龍涎香又有腦油，至今仍不清楚。

雖然抹香鯨是齒鯨中經常出現在漫畫或卡通動畫中的高知名度鯨魚，但仍是充滿謎團的齒鯨。

深度探索鯨豚之謎

人類慣用手有分左右。鯨豚的前肢（相當於手）變成鰭狀，用來和同伴溝通、游泳時改變方向等，就算有慣用手似乎也不奇怪。

實際上，根據觀察海豚生態的研究者說法，有慣用左前肢碰觸同伴身體的個體，也有慣用右前肢改變方向的個體。為了要科學性地了解這個問題，有必要以肉眼觀察解剖的海豚腕部，看肌肉的附著方式及神經的發育狀態。但實際觀察海豚的腕部，目前還沒有找出左右的差異。

灰鯨總是以右側朝下方的姿勢攝取餌食生物。此外，鯨豚的子宮和人類的不同，分成左右兩股，稱為子宮角。而且幾乎可以說肯定，都是在左側的子宮角妊娠懷孕。雖然排卵似乎是左右卵巢交互進行，但是妊娠卻一定是在左側。鯨豚的左右差異也是很引人入勝的主題。

曾有一頭「52赫茲鯨」，於1989年由美國的伍茲霍爾海洋研究所的研究團隊所發現。52赫茲鯨以特殊頻率的聲音鳴唱。

由聲音的特徵與聲紋推斷應該是鬚鯨。但是一般的鬚鯨類，藍鯨是10～39赫茲、長鬚鯨是以20赫茲的叫聲而為人所知。52赫茲是高得不得了的頻率，目前所知鬚鯨都沒有這種頻率。一般來說，人類聽得見的聽覺頻率，低音下限是20赫茲，高音上限為20千赫。

雖然當初也曾認為可能是個錯誤，將非鯨類生物發出的聲音誤記，而否定了這筆紀錄，但因為此後多年持續記錄到這頭鬚鯨的52赫茲頻率，推斷其確實存活，也在繼續成長。只不過再怎麼對52赫茲鯨進行調查，都無法找到與其他鯨類之間的關聯互動，因此這隻個體就被稱為「世界最孤獨的鯨魚」。

事實上，假如是發出52赫茲的音波，不論和哪種鯨類應該都很難溝通，可能真的會很孤獨。縱然如此，還是記錄到其成長軌跡，也曾單季移動距離超過一萬公里。

關於這頭鬚鯨的真面目，伍茲霍爾海洋研究所認為應該是所謂的雜交種（假如是這樣，以藍鯨和其他物種混種的假說最為有力），也有人認為可能是畸形。現在這頭鬚鯨的行蹤不明，從發現的年代推測，很可能還在某處生活著。

在提筆寫這本書的時候，聽說將這頭鬚鯨放入書名的小說《52赫茲的鯨魚們》（町田苑香著，中央公論新社，台灣為春天出版）獲得了日本本屋大賞。將鯨魚當成小說書名這件事情很少見，光是這樣也讓我深感興趣，有機會的話一定要拜讀。

14 頭抹香鯨被拍打上岸的日子

抹香鯨最大體長可超過16公尺，以齒鯨類最大體長自豪，分布於世界各地的海洋之中。主食為深海性的烏賊，潛水可達2000公尺深。從形狀獨特的頭部發出強力的聲波，可將大王魷等一網打盡。

只要一潛水，就會有一個小時不會浮出水面，或許不能算是適合賞鯨的鯨類，但因為讓人聯想到潛水艇的造型，身懷龍涎香及腦油等僅抹香鯨才有的特徵，因而受到歡迎。

從北海道至鹿兒島縣，日本全國各地的抹香鯨擱淺，是以每年3～8件的頻率發生，對我來說也是有各種各樣回憶的鯨類。

2002年1月22日是難忘的一日。那天早上在鹿兒島縣小鎮的海岸，有14頭雄性的抹香鯨被拍打上岸。10頭以上的大型鯨魚同時擱淺在當時是非常稀少的案例，我也不曾經歷過，而且那些抹香鯨幾乎都還全部活著。

鹿兒島縣內的水族館工作人員立刻趕往現場，當天下午2點確認了11頭存活。包含我們科博的工作人員在內，各地的水族館、大學、博物館相關人員都飛速趕往現場。

收到擱淺通報的隔天，當時仍是東京大學研究生的我和科博工作人員同行，抵達現場。前一天還活著的11頭之中，已有10頭死亡。以大型個體來說，在水中有浮力輔助，可以毫無困難地移動巨大身軀。一旦到了陸地，受到重力影響而無法支撐自己的體重，肺之類的臟器被壓扁，若是放置不管，不久就會死亡。

無論如何，大家持續努力想要讓唯一存活的那頭送回海中。在搏鬥了四個小時之後，很幸運地讓那一頭回到海裡去了。

根據當地水族館工作人員的說法，14頭抹香鯨的體長11至12公尺，全部都是雄性，大概是「年輕雄性集團」。雄性抹香鯨在年輕時成群活動，達到性成熟就會離群獨立，以尋找交配對象。換句話說，這次擱淺的集團，是獨立前的年輕雄性集團。

發生擱淺的時候，根據當地政府單位的判斷，會將屍體埋在合適的場所或焚化處理。但這次不只是12公尺的巨大體型，數量更多達10頭以上，於是政府單位向海上保安廳提出申請，想要得到海拋許可。根據他們的判斷，比起調查來說，迅速將13頭巨鯨從海岸移除棄置才是最優先的考量。

已經抵達現場的專家急忙開始檢查外觀，舉行會議檢討對策，想方設法阻止他們將抹香鯨棄置到海中。

與此同時，關於擱淺的抹香鯨，各地的博物館等接二連三地聯絡當地政府單位，表達想要保存骨骼標本的意見。為回應這些請求，海拋暫且保留待決。進行解剖調查或是製作骨骼標本，需要花費相當的時間與費用。對政府單位來說，得在有限的時間內評估各種情況進行決斷，處境也是相當艱難。

政府單位的職員被逼著要趕緊選擇掩埋地點，並說服當地漁協和居民。在那段時間中，我們只能進行最低限度的測量和攝影。正式的調查要等到整體核准亮綠燈方能展開，眼睜睜看著逐漸腐敗的個體，時間分分秒秒地流逝。

第三天，總算決定了掩埋預定位置，在那裡進行解剖調查，從那天起開始了我們手忙腳亂的日子。首先，為了移動到掩埋場所，得要配合滿潮往海上曳航（用船拉），連接台船（海上作業用的箱船）。但13頭中有2頭來不及回收完畢，要等待下次的滿潮。作業開始延宕，出現各式各種的狀況，好不容易繫留到船上的其中1頭漂走，結果再度擱淺到附近的河口……。

我們這些調查團隊，那段期間在附近租借了一個小屋。很像在參加校外

吊車吊起來的抹香鯨（被拍打到鹿兒島縣海岸上的個體）。

教學或是畢業旅行，每天一同開伙、洗衣服、製作要標記的號碼牌及樣本瓶，非常忙碌。為了不讓繫留的個體再度漂走，也決定了巡邏的排班表，以備隔天的調查。

第四天，前一天漂走那頭也已回收，繫著13頭巨鯨的台船，等待早晨的滿潮前往進行解剖調查的海岸。但原本晴朗的早晨，天候劇變，只好緊急前往附近的漁港躲避風雨等候，作業再度延宕。

為了等待起重作業用的大型網籠，調查要到隔天才能進行。我見到巨鯨胸鰭豎起來了，證明持續在腐敗。

第五天，在我們為了隔天的調查早早就寢的深夜，小屋的門突然砰砰砰地敲響個不停。我驚醒過來，起身開門一看，深夜值班巡邏的沖繩水族館人員全身濕透，像個落湯雞似的站在門外。雨水從充滿了緊張感與急迫感的臉上，不停地往下滴。

「原來這裡不是男生的房間啊，真是抱歉。」

「大半夜的，怎麼了？發生什麼事？」

「因為大型網籠抵達，要開始移動作業了，但是搬運的拖車卻爆胎了。

車體破損，工作人員無計可施。搬到陸地上的第二頭鯨魚，只能在馬路上等候！」

這真是麻煩的狀況。此前召開多次會議，各地的博物館和大學努力確保掩埋所需的費用，我們連日都在做調查的準備，但若無法搬運，一切都是白費。

在這種情況下，附近居民對於巨鯨卡在路上持續散發出的惡臭感到不安，陸續傳來投訴。屋漏偏逢連夜雨，我們接獲通知新的拖車還要等上一段時間。就算新的拖車抵達，也不能保證不會壞。

到了這個地步也別無他法。除了裝在爆胎拖車上的那一頭以外，其他個體都決定要海拋了。換句話說，除了那一頭之外的都無法進行調查。雖然大家整個晚上都在討論還有沒有什麼辦法，仍然束手無策。只能等天亮後，將拖車上那一頭搬到新來的拖車，移動到掩埋場所。

第七天，雖然只有一頭，總算可以展開解剖調查，骨骼則埋在附近的海岸（參照第122頁）。從擱淺那天開始算起，已經過了一個星期。遺憾的是腐敗已經到了內部液化的程度，所以沒辦法確定死因。

隔天開始其他12頭的海拋作業，我們並不死心，趁著空檔拚命採集標本。

最後在2月1日的晚上結束海拋作業，這次經驗讓我親身見識到現場工作總會發生「意外」的狀況。

也有沒辦法進行調查的日子

究竟是為什麼呢？擱淺總是在忙碌的時候發生。某日也是如此。在上午10點鐘左右，接到茨城縣的水族館的聯絡：「在漁港附近有一頭體長7公尺的鯨豚漂流。」

看了當地用電子郵件寄來的鯨豚照片，也許是漂浮在淺海的水面上，沒辦法看到全身的關係，並不是我平時看慣的模樣。不過通常只要看到頭部和鰭等身體的一部分，就能從某些特徵辨識出物種。

「這看起來應該不是一般的物種呢。」

直覺這樣告訴我，讓我想要立刻趕往現場。從科博這邊開車到現場不用一小時，可惜那天偏偏有我擔任主席（協調人）的研究計畫會議。

「為什麼是在這天啦！」雖然我這麼想，但是接下來又想到：「咦，等一下。」

假如現在著手安排地方政府單位的吊車和卡車，將鯨豚移動到掩埋場所去，可能隔天才會開始調查。明天的話，我就能去現場調查！

「田島博士你的思考方式真的很正面耶。」

雖然周圍的人有點錯愕，但是基於到目前為止的經驗，我不知道為什麼，就是很相信這樣的案例，絕對會到隔天才開始調查。心誠則靈，只要相信，心願就會達成。當地聯絡人告訴我：「好像明天早上會移動到掩埋場所。」

「太好了～～！」我們的團隊為了久違的調查開始著手準備。在預定的會議召開之前，就大致都準備好了，車子亦安排妥當。剩下就是等待明天來臨，我的心早已飛到現場去了。

就在這個時候，水族館再度打電話來。由於鯨豚的掩埋準備在當天就已完成，所以政府單位想要立刻開始作業。

在這個當下，我真的有在考慮：「要不要臨時取消會議。」因為那很可能是新種的鯨豚，反正會議可以改到別天，但只有今天能進行鯨豚調查。這樣說來，臨時取消會議大家應該也能諒解，我的心情一直搖擺不定。

打消我這個念頭的是其他工作人員冷靜回覆：「很遺憾，今天有要事無法取消，沒辦法過去。」

沒錯，我的會議也是要事，沒辦法取消，臨時取消會對許多人造成困擾與麻煩。我極度不情願地做了深呼吸，安撫自己的情緒，才放棄立刻趕到現場的念頭。

我拜託水族館的工作人員馬上前往現場，幫忙拍攝照片及採集樣本。

會議結束後，水族館工作人員在完成現場調查後，傳了鯨豚的照片給我。看到照片之後，知道那的確很可能是非常珍貴的物種。對於為什麼偏偏是在自己不能到現場的日子發現鯨豚，讓我感到非常的懊惱，可是卻束手無策。

縱然如此，由於水族館的工作人員幫忙採集樣本，所以還有一絲希望，期待可以從那份樣本鑑定物種。根據檢查的結果，或許會是自藍鯨寶寶以來「日本國內首例」的貴重物種。若是如此，就可以討論看看是否能將已經掩埋的鯨豚，重新挖起來進行調查。目前我正懷抱著期待，等著鑑定結果。

即使接獲擱淺的訊息，也經常無法進行調查。雖然事出有因，但就在這種時候才更有重要的案例發生，究竟是為什麼呢？

假如有卡通動畫《小超人帕門》的複製機器人就好了，我每天都很認真希望那種非現實的情境能夠實現。

在日本各地的沙灘裡持續沉睡的鯨魚

前文提到14頭抹香鯨擱淺的時候，只解剖了一頭，並且把那一頭的骨骼「掩埋起來」。這並非是埋在土裡棄置，而是為了將來製作骨骼標本的方法之一。

為了製作鯨豚的骨骼標本，有必要充分去除附著在骨頭上的蛋白質及油脂。若想製作品質良好的骨骼標本，以高溫漂煮是最好的（參照第一章）。海洋哺乳類以外的動物除了某些例外，陸生哺乳類、魚類、鳥類、兩生爬蟲類等脊椎動物的骨骼標本，大多都是以高溫漂煮骨頭的方式來製作，以便得到最好的品質以及性價比。

只不過超過10公尺的大型鯨魚，骨骼太大，而且很遺憾日本國內的學術單位，並沒有設備能用來漂煮這麼大的鯨骨。即使是科博特別訂製的晒骨機，最大的極限也只到5公尺而已。

那麼，是不是就無法製作超過10公尺的大型鯨魚骨骼標本了呢？其實不然。假如擱淺的是大型鯨魚，通常是跟當地的政府單位討論，將鯨魚埋在發現場所或是周邊的沙中「二夏」（二個夏天），再視需要將其挖出。

但是，並非把漂流到岸邊的鯨魚屍體直接掩埋。

結束一連串的調查之後，要接著把骨骼留下來。首先，用刀子等把附著在鯨魚骨頭上的肌肉去除到某個程度，同時挖掘掩埋骨骼的坑洞。坑洞大小根據鯨魚的尺寸而有所不同，若是體長10公尺，就要挖一個10乘5公尺、底部平坦的凹坑，理想深度是在骨骼上覆蓋1・5～2公尺厚的土。

光靠人力挖不出這種坑洞，所以是請當地的土木營造廠商或港灣業者幫忙。

在挖好的坑洞中鋪上像是網紋材質的紗布，將骨頭放在上面，依照一定的間隔排開，讓骨頭不要重疊。

把骨頭排完之後，拍個骨頭整體的照片並製作平面圖，以便一目瞭然看出骨頭掩埋的位置。在那之後，在骨頭堆上1・5～2公尺厚的土。掩埋場所的四個角落打樁後，再蓋上藍色塑膠布就完成了。

在這個時候，確實掌握掩埋場所的資訊非常重要。只要相差1公尺，日後想將鯨魚挖出來，有可能怎麼挖都挖不到。所以除了照片及手繪平面圖之外，用GPS及周圍的地標取得的測量值也都要記錄下來，做好萬全準備。

但是，大自然的力量不容小覷，特別需要注意掩埋在海岸的情形。只要經過兩年，地形就會由於強風或是漲潮退潮的影響，而有出乎意料的改變。骨頭甚至可能會以幾公尺為單位上下左右移動呢！這會讓我覺得地球根本就是個活物。

把鯨魚骨頭掩埋在沙灘的作業場景。

經過數年，終於到了挖掘的時候。從沙中看到白色的骨骼時，會想將其抱緊：「你們平安無事真是萬幸啊。」

將骨頭掩埋起來，是想讓土沙之中的微生物將附著在骨頭上的肌肉、肌腱與累積在骨頭中的油脂成分等軟組織分解乾淨。因此，有必要耗費「二夏」以上的歲月，或許只有四季分明的日本才有這種獨特用語。見到比起掩埋當時更加乾淨美麗骨頭從土中出現時，令人再次對大自然的力量無比感動。

附帶一提，骨骼標本的製作方式除了漂煮、掩埋之外，還有讓節肢動物（鰹節蟲等）吃掉軟組織，或是使用馬糞讓位於馬腸內的細菌叢幫忙分解等方法。

就像這樣，掩埋大型鯨魚製作骨骼標本是非常大規模的作業，不論是在掩埋或挖掘都必須要有人手及預算，所以並非所有的大型鯨魚都能夠挖出來。雖然想要盡可能把骨骼製作成標本留下來，只是力有未逮。這種時候，只能將「頭骨」或「部分骨骼」帶回去製作成標本。

另一方面，在已掩埋的鯨魚之中，也有早就過了「二夏」卻無法回收的情況。反正這也是食物鏈的一部分，變成微生物的食物並不是壞事。只不過對研究鯨豚的人們來說，心中難免惋惜。因為那些掩埋的骨頭，或許會有至今無人知曉的新發現呢。

現在日本全國的海灘中，還有許多等待挖掘的鯨魚骨頭。

大家跟親朋好友在海邊找貝殼或玩沙灘排球的沙灘附近，可能就有鯨魚的骨頭埋著呢。假如看到像骨頭的東西，請一定要跟我說。

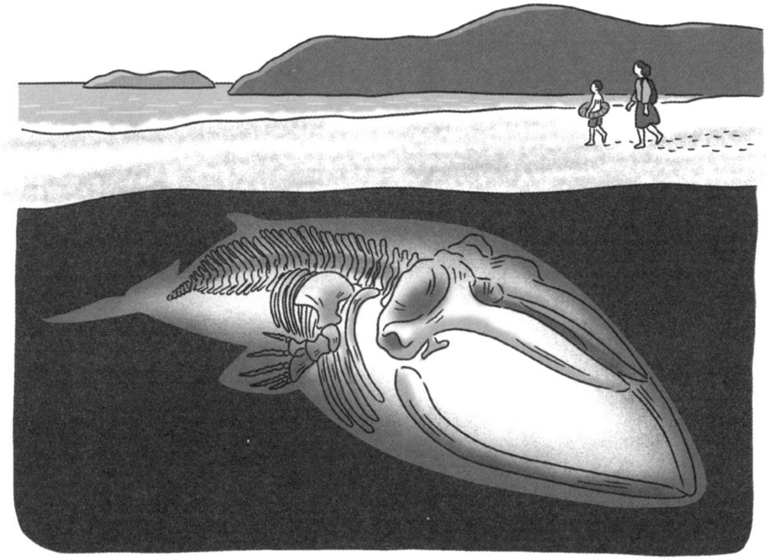

你遊玩的沙灘底下可能就埋著鯨魚呢。

大村鯨骨骼標本每副大約1000萬日圓?!

海洋哺乳類由於個體很大，即使是因為擱淺才獲得的貴重鯨豚，也會為了收藏方法或準備場所而傷透腦筋。

例如要舉辦特展的時候，心臟或腎臟之類的臟器標本、寄生蟲標本或是臨時剝製標本（temporary taxidermy）等，我們科博的工作人員也能準備跟製作，但若是「展場亮點」，就必須是相當水準的標本。因此，就要發包給專業的標本製作業者，當然需要費用。

跟其他生物比起來，海洋哺乳類的標本大小非比尋常，所以預算金額相差幾十倍。

舉例來說，展示骨骼標本的時候，是將骨頭一塊一塊組裝成形，稱為接合骨骼（articulated skeleton），這種標本製作費用非常高，市價大約每公尺100萬日圓。

科博所保管的大村鯨（一種鬚鯨）體長12公尺，之前製作接合骨骼的費用，竟然超過1000萬日圓！

美國國立自然史博物館則是活用客機機庫當成標本的收藏庫，將世界最大動物的藍鯨頭骨排列擺放著收藏。

過去日本號稱捕鯨大國，捕獲了許多藍鯨。但是來自日本周圍的藍鯨（成體）完整全身骨骼，在日本國內卻是一具也沒有。

因此，必要的時候只能從海外購買。以每公尺100萬日圓來計算，26公尺的藍鯨……就得花上將近3000萬日圓。此外，海外寄送過來的運輸費亦不可小覷。所以，簡單的一句話：

「我想要舉辦藍鯨特展！」

考量現實就是無法說出口。

光是追加一頭鯨豚，就會導致預算暴增到其他生物無法比擬的程度。雖然不僅限於鯨豚，對博物館人來說，與財務部門的交涉技巧也很重要呢。

第三章

追蹤擱淺之謎

擱淺到底是什麼？

對於從事海洋哺乳類有相關工作的人來說，「擱淺」這個字眼差不多就跟「吃飯」是同等級的日常用語。

因此，有時候會不小心以理所當然的樣子，對其他職業的人說道：「昨天在○○海岸有擱淺發生，所以開車直奔過去，真的很辛苦呢！」然後對方會滿臉疑問地回應：「擱淺？那是什麼？」屢屢讓我真實感受到：「哎呀，對喔。擱淺這個詞對一般人來說還是很陌生呢。」反省自己應該要多加推廣。

雖然國立科學博物館會定期舉辦展覽，在官網上發布最新資訊，不過假如沒有什麼契機，大家甚至連這個網頁的存在都不知道。

所以我想要在此好好的說明：「話說回來，擱淺到底是什麼？」

擱淺的英文是stranding，是strand的動名詞形態。strand這個字原本是指位於水中（海洋或湖泊、河川等）與陸地交界位置的「岸邊」，或者用來指稱從水中朝向陸地的動詞。

例如運行中的船衝上淺灘卡在岸上，或是車子在沙灘上動彈不得（若是汽車多用stuck），無法自行脫離那個狀況。

同理，海洋哺乳類由於某些理由被拍打上岸，無法靠自己的力量回到海洋，也稱為「擱淺」。

在專家之間，有時會將個體還活著的情況稱為「活體擱淺」，已經死亡的稱為「死亡擱淺」。

此外，包含鯨豚在內，兩頭以上海洋生物擱淺的案例也不少。在母子以外的複數個體擱淺的場合，稱為「集體擱淺」。在第二章中介紹成群年輕抹香鯨被拍打上岸的案例就屬於這種。

包含鯨豚在內的海洋生物擱淺，只要是有海岸線的地方，不論何處都可能發生。日本四面環海，加上全世界的鯨豚有半數是在近海棲息或洄游，一年會收到將近300件的擱淺報告。不過這只是報告案例罷了，如果把那些死亡後未被發現而在海上漂流的案例也算進去，數量恐怕會更多。

英國和日本同為島國，臨海區域也多，每年有將近500件的擱淺報告。所以日本「300」這個數字，以全世界來看並不算特別多。儘管如此，計算下來幾乎每天在日本海岸都有擱淺發生呢。

從擱淺地圖知道的事

四周受海洋圍繞的日本，不論在哪個海岸都可能發生擱淺。

雖然有海岸不曾有過擱淺報告，但通常都是無人居住的地區，或是不太有人造訪的海岸。

即使是以屍體狀態出現的鯨豚，也不是全都死在被拍打上岸的地點。有時是在海中死亡後漂流到海岸，或是在其他海岸死亡的個體順著海浪或洋流移動過來。

無論如何，大幅偏離原本的棲息地區而擱淺的案例也不少。會季節性遷徙的物種，洄游到日本附近的時期而發生擱淺。南方系的物種是從琉球群島至九州、四國附近為止，北方系的物種則是由北海道至東北地區為止，各自有發生擱淺的傾向。

舉例來說，北半球的大翅鯨雖然夏天棲息在食物豐富的高緯度地區的阿拉斯加州，但是從秋天到春初，則會洄游到繁殖海域的沖繩及小笠原群島。從人類的眼光來看，那是賞鯨的最盛期。產下寶寶的大翅鯨雖然會再度回到阿拉斯加州，不過途中會經過日本沿岸，這個時期之所以會有比較年輕的鯨豚擱淺，就是因為這個緣故。

此外，條紋海豚和瓜頭鯨在春初的日本沿岸擱淺案例數也會增加，因為牠們會在這個時期追逐食物乘著黑潮北上。

另一方面，棲息在日本沿岸地區的鯨豚（露脊鼠海豚、印太瓶鼻海豚）整年都有擱淺報告。在迎接生產的春秋兩季，幼體或新生兒被拍打上岸的次數也隨之增加。

發現大幅遠離原本的棲息海域或是洄游海域路線的擱淺個體時，有許多明顯的原因：「罹患疾病」、「外敵追趕而擱淺」、「因寄生蟲導致方向感無法正常運作」等，有必要對發生原因進行深度的調查。

此外，夏季颱風或是冬季風暴讓強風從海洋吹向陸地的時候，也會有外洋性的個體擱淺。在漁業盛行的地區，還會有因漁網纏繞或拉扯漁具而被拍打上岸的個體。

偶爾還會有不小心從海洋進到河川中，並且一直往河川上溯的個體。在從含有鹽分的海水移動到淡水時，適應海洋的哺乳類幾乎無可挽救。至於2002年在東京都與神奈川縣境流動的多摩川中現身，引起一陣旋風的海豹「小玉」，為什麼在河裡也能健康活著，會在第五章的海豹內容中提及。

為什麼鯨豚會被拍打到岸上來？

博物館的展覽或演講等，有很多談及擱淺的機會。

在擱淺的調查現場，經常有機會可以對聚集在此的各方人士加以說明，我對此也很開心。因為眼前有鯨豚實物可以邊看邊聽的時候，大家都是深感興趣地聆聽呢。

白腰鼠海豚
小貝氏喙鯨
太平洋斑紋海豚
日本海
史氏中喙鯨
小鬚鯨
太平洋斑紋海豚
全域
虎鯨
抹香鯨
太平洋
藍鯨
長鬚鯨
柯氏喙鯨
史氏中喙鯨
哈氏中喙鯨
銀杏齒中喙鯨
露脊鼠海豚
印太瓶鼻海豚
侏儒抹香鯨
條紋海豚
瑞氏海豚
瓜頭鯨
瓶鼻海豚
大翅鯨

日本近海的擱淺地圖

原本解剖調查的時間就極其有限，得要迅速確實地作業，有時在作業中有人詢問也無法應對，得請大家見諒。就我個人來說，只要調查暫時告一個段落，都會盡量回答來自各方的提問。

「這頭鯨豚為什麼會被拍打上岸呢？」

「為什麼會死掉呢？」

對於這樣的提問，我總是答道：「沒錯！我們也很想知道答案，所以在這裡『浴血奮戰』地進行調查呢！」

當我告訴對方，日本的海岸幾乎每天都會有這樣的擱淺發生。

「什麼！！！」不論是誰都同樣非常驚訝。即使曾在新聞報導看過鯨豚擱淺的影像，大家通常以為那是偶然發生的稀有事件。

其他問題諸如：「皮膚的感觸是什麼樣子呢？」、「有沒有牙齒？」、「眼睛在哪裡啊？」看到眼前的個體時，會很感興趣地提問。

但是沒辦法完全回答出大家最想要知道的「擱淺的原因是什麼？」這份挫折感總是留在心中成為芥蒂。

對擱淺的海洋哺乳類進行調查的目的，根據研究主題而有所差異。但是鯨豚為什麼死亡、為什麼會漂流到海岸擱淺，這兩個問題不僅是研究者，也是一般大眾最常見的提問。我本人進入這個領域的動機，也正是「想要解明擱淺的原因」，和大多數人抱持同樣的疑問。

發生在世界各地的擱淺原因非常多樣，多是由於各種原因交錯產生的結果。擱淺的動物不限於哺乳類，如海龜、巨口鯊、大王魷等也會擱淺。以大自然的常理來說，生物總有一天會死亡。若是生命終結後正好被拍打上岸，也還能接受：「也是有這樣的事情啦！」

但是實際調查擱淺個體之後，一點一滴知道並非僅此而已。來自世界各地的研究者，都爭相想要解開擱淺之謎。

以擱淺的原因來說，目前已知下列幾項。

其一是疾病或是傳染病。和人類一樣，海洋哺乳類罹患嚴重的疾病或傳染病之後會導致死亡，這類個體擱淺的情況已是舉世皆知。若是傳染性很強的病原體，就會同時有多數個體喪命，造成集體擱淺。就算只有一頭，只要罹患嚴重的疾病或傳染病，在進行調查研究之後，就有可能知道疾病的成因，或是對水族館中飼養個體的治療方法提供線索。

第二個原因是追趕獵物過頭。在追趕為餌食的魚類或頭足類（烏賊、章魚等）太過沉迷而進入淺灘，也會導致擱淺的情況發生。

海洋哺乳類在水中有浮力幫助，可以毫無困難地支撐起幾十公斤到幾公噸的體重。一旦到了陸地，重力就會一口氣壓上來，讓身軀動彈不得，就會造成擱淺。

第三個原因是洋流移動的誤判。日本周邊的海域，雖然在各個季節會有各式各樣的海洋生物順著洋流移動，但是只要誤判移動時期，也可能導致擱淺。

例如由南方北上的物種本來就生活在南方，對於寒冷的地區不太能適應。縱然如此，由於找尋食物或是交配的對象、往新的棲息地區移動之類的理由，會從初春到初夏順著黑潮這股暖流前往北方。其中在春初比其他個體先北上的族群，定期在茨城縣或是千葉縣的沿岸集體擱淺。對於這樣的個體，再怎麼調查也找不出疾病或是傳染病，有很長一段時間都無法解開擱淺的原因。後來用擱淺時的洋流及天氣對照之後，發現了饒富興味的事實。

在千葉縣銚子外海的偏北一些，暖流黑潮與寒流親潮相會的海域，稱為「副極地輻合線」。目前已知黑潮與親潮相會的沿岸側產生的「冷水團」，與擱淺的地點幾乎完全一致。這就能預設一個假說，春初北上的南方系鯨豚誤入這個冷水團而受困，因此導致集體擱淺。由於後來也確認類似案例的發生，目前這個假說在某些地區和族群中是有效的。

此外，則是2011年3月11日東日本大震災發生前約一星期，3月6日在茨城縣有將近50頭的瓜頭鯨集體擱淺。

另外，2011年於紐西蘭發生芮氏7級大地震，也是在那之前不久，就有100頭以上的長肢領航鯨集體擱淺於災區附近海岸。

根據後來的報告，在發生東日本大震災的前幾個星期開始，設置於根室海峽的海底電纜聲音錄影數據，就反覆記錄到像是地鳴般的聲音。

對擱淺於茨城縣海岸的瓜頭鯨進行病理解剖後，沒有發現傳染病。表示這兩個案例很可能是由於空前未有的大地震所造成的擱淺。

但是因此認為：

「因為日本號稱地震大國，才在日本國內一年就有300件的鯨豚擱

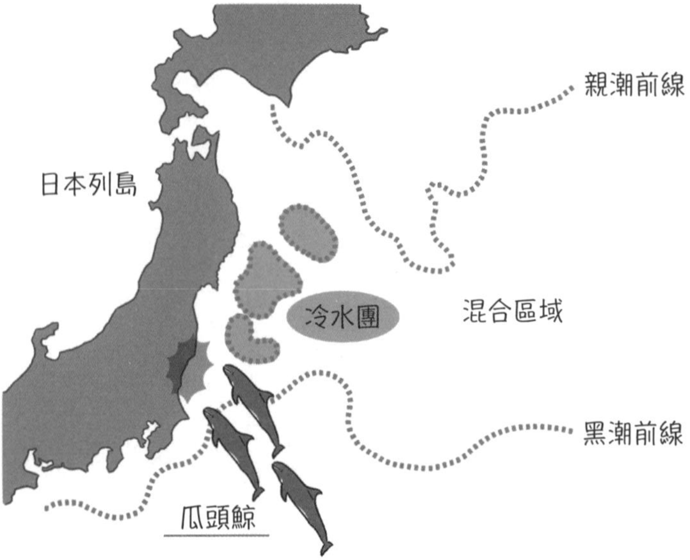

困在黑潮與親潮相會的「冷水團」中。

淺嗎？」

那就言之過早。實際上，雖然對地震發生時期和擱淺發生時間做了驗證，但是目前仍然沒有顯示其因果關係的數據。其他還有磁場說或寄生蟲說等各種假說的報告，但是每個假說都只能用在單一案例上，並沒有能夠反映所有擱淺案例的學說。

雖然擱淺的原因正在一點一點地慢慢解開，但因尚未掌握擱淺的本質，所以我們仍在繼續調查中。

調查必須要使用一流的器具

學生時代流行滑雪的時候，擅長滑雪的前輩就告訴我「工欲善其事，必先利其器」。打從我從事現職開始，這句話也經常在各種場合，於我的腦中迴盪。

調查擱淺的時候，更是讓我深刻理解到準備合適的工具與服裝，就能更有效率且正確地進行調查。

例如測量器材（度量工具），用來測量的儀器性能極為重要。擱淺調查是從測量被拍打上岸的海洋哺乳類體長或鰭長開始，再用這個初始的測量值為基礎來確認物種，或是推斷成長階段及繁殖期等。若有些許誤差，就有可能導致誤判，所以必須使用最好的測量器材。

經過試誤學習的結果，我們現在是用建築業測量現場經常使用的儀器和工具，代表性的有測繩、折尺、捲尺、紅白測量標桿鋼捲尺。業界頂尖廠商的器具雖然價格高，但是大部分性能都很優秀。附帶一提，有家頂尖廠商跟我的姓氏同樣是「TAJIMA」（田島）。所以當工作人員之間要是聊到：「TAJIMA的鋼捲尺果然好用啊……。」我不知為何就會覺得有點害羞。

在測量結束之後，要幫擱淺個體拍照。這個時候相機的性能，會對研究調查有很大的影響。

我剛開始擔任現職的時候，相機還是以底片機為主流，拍攝的照片沒辦法在現場進行確認。看到幾天後從「照相館」送來的照片，有時候會因為失焦模糊或是鰭的關鍵部分沒有完全在照片中而感到沮喪。

偶爾還會有「把底片裝反了……」，這種完全笑不出來的大失敗呢。

現在有了數位相機和手機，不會再出現這種失敗，可以在拍攝後立刻應全國研究者的需求，用電子郵件或社群網路傳送照片。擱淺調查的初期工作也變得非常快。

最近還會運用無人機（空拍機）或是具備防水功能的小型輕量數位錄影機，即使是18公尺等級的鬚鯨，也能夠很輕鬆地拍攝全身了。

這樣的最新機器陸續登場，提高了便利性真的是讓人無比開心，不過讓我們煩惱的則是「經費」。

頂尖廠商的最新機器雖然性能卓越，但是要價不菲。假如是最高規格的無人機或是數位錄影機，價錢高到會讓眼珠子掉出來。何況在擱淺現場總是非常忙亂，臨時發生某種意外讓剛買的高價機器壞掉或掉到水裡，也不是不可能發生。如此說來，「價格過得去的東西就夠用了吧？」會計部門會這樣出聲提點也是無可厚非。

這種時候，前述擅長滑雪的前輩說過的話，便會在我的腦海中浮現。收藏在博物館的骨骼標本測量，有時是使用名為「人體測量儀」（anthropometer），一種價位非常非常高的測量器具。

人體測量儀原本是以測量人類骨骼為目的而製造的器具，一台就要100萬日圓左右。不過，不只十分，而是具有十二分的價值。雖然是組合式，可以搬來搬去使用，但是那個組合方式考量到非常細部的部分，一個個零件以幾公釐為單位，製作得非常精巧，因此能夠得出相當正確的測量值。

我使用這個人體測量儀，測量了收藏在海外各國博物館中的鬚鯨頭骨。當時擔任我現在這個職務的山田格博士，正在進行新種鯨豚的記載，我跟著同行進行了幾次相關業務，協助作業。因為分析骨骼標本的正確數據，有時候也可以發現新種。

在瑞典是在原為馬廄的收藏庫中進行測量。記得當時是在沒有暖氣的室外作業，凍到呵出白色的煙，假如沒有戴手套，雙手就會馬上凍僵的程度。另一方面，在荷蘭則是在外觀壯麗的重要文化財等級收藏庫中進行測量。那時休息時間吃到的荷蘭知名鬆餅，味道至今難忘。

在美國是在原為飛機庫的收

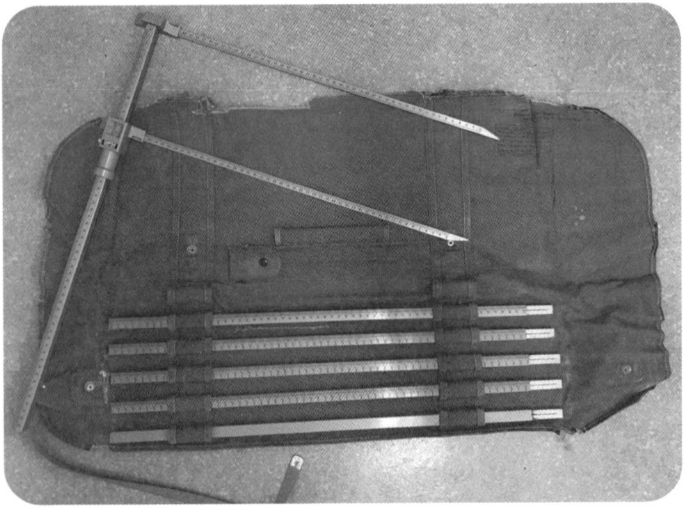

人體測量儀。雖然價格高昂，但物有所值！

藏庫裡測量，與那裡當成標本收藏的飛機相比，大型鯨魚的頭骨都顯得渺小。

在泰國則是把鯨魚視為來自海洋的神聖之物，而在寺廟或是路邊祭祀。我曾經為了要測量那些鯨魚的頭骨，做了兩星期的調查行腳。在那個時候，一共調查了53頭鬚鯨。

在台灣測量的鯨豚頭骨，保管在友人的動物醫院二樓，有如備品倉儲區般的場所裡。根據當地人的說法，台灣的季節只分成「熱」和「酷熱」兩種，當時是「酷熱」的盛夏，真的是汗流浹背。我記得當時一邊測量一邊流汗，簡直可以從衣服擠出水來。

在不同國家，鯨豚骨頭也保管在各式各樣的場所，真是很寶貴的經驗。

經由調查外觀來探究原因

對於擱淺的個體，首要是觀察外觀，這是為了要探究擱淺原因是否為外因性。

外因性擱淺的主要原因，以及其檢查項目則如下列。

①「混獲」的檢查項目

由於人類食用的魚蝦貝類也很受鯨豚和海豹們喜愛，所以有時牠們會因為追趕食物而誤入網中，稱為「混獲」（bycatch）。要是這樣，在頭部或是尾鰭就會有纏到網子造成的漁網痕，或是在口部或胸鰭有撞到流刺網造成的裂傷痕跡。另外，有時漁網本身也會直接纏在動物的身體上，需要確認這些部分。

②「事故」的檢查項目

確認有無撞擊船隻或是被船隻的俥葉、螺旋槳造成的傷痕。

③「天敵」的檢查項目

海洋哺乳類的天敵是虎鯨和大型肉食鯨魚，確認有無這類天敵的咬痕或是捕食痕跡。

④「傳染病」的檢查項目

人類在感冒的時候經常流眼淚或是鼻水，海洋哺乳類也會罹患感冒之類的傳染病。在這種時候，就要確認從噴氣孔（參照第185頁）或肛門等處，身體原有的開口是否有污穢（糞便般的顏色）的黏液或惡臭，眼睛和口腔的黏膜是否異常，以及有無皮膚病等。

當然，由於個體的不同，病情和狀態也會有所不同，所以每次都要聚精會神，讓自己在觀察和記錄時不會有任何遺漏。

人類、伴侶動物（寵物）或產業動物（如乳牛），只要身體狀況變差，就會接受各樣檢查或治療。縱然如此，若盡了人事還是救不回來，檢查結果和臨床症狀等生前資訊，在確認死因時會有很大的幫助。

但是在野生動物這邊，幾乎不可能有機會知道瀕死前的資訊。因此，必須在死亡後徹底調查其狀態，尋找導致死因的線索。

外觀檢查的四個檢查項目。

內臟的調查是「超級體力勞動」作業

在擱淺個體的外觀調查結束之後，終於要開始進行內部的解剖調查。在解剖鯨豚時使用的工具，與電視劇中的手術場景裡經常出現的那些器具極為相似，例如醫療用的解剖刀、手術刀、鑷子、鉗子、雙尖剪刀、腸剪等。對我來說，還有從大學時代就愛用的獸醫領域器具。

醫療以外的必需品，還有稱為

幾個人一起用手鉤拉扯皮膚、拿刀往前切割。

「手鉤」的傢伙。木柄的前端裝上金屬的鉤子，在魚市場中拖拉大魚或鮪魚箱時經常使用，這在解剖調查時非常實用。

將內臟取出來之前，必須先剝除鯨豚的厚皮或膨大的肌肉。但只要用手鉤拉扯皮膚並用刀切，就能順利地剝除。

在我還是菜鳥的時候，前輩教導的是「拉扯九分，入刀一分」。換句話說，根據手鉤拉扯皮膚的多寡，就能決定剝除皮膚作業的進度。

但這是超乎想像的「超級體力勞動」作業。要是皮膚鬆弛就沒辦法往前切，必須時時保持繃緊的狀態。而隨著刀子推進，需要拉扯的皮膚範圍就會越大，需要更大的力氣。

假如是5公尺內的個體，我可以單憑一己之力進行剝皮作業，主要關鍵在於力氣夠不夠大。若是像鬚鯨和貝氏喙鯨這種超過10公尺，皮膚又特別厚實的鯨魚，光是切1平方公尺

就已經快累死了。光靠單手的力量根本不行，必須雙手握持手鉤，轉動腰部用全身的力量拉扯扯。剛開始切割可以一個人拉扯，但是在切割的過程中會變得越來越重，需要靠人幫忙，到了最後，有時候甚至需要5～6人來拉。

超過15公尺的大型鯨魚，不論多麼自認為是大力士的男性，想要單獨一人剝皮也不可能辦到。即使有相當人數，光靠手鉤持續拉住大型鯨魚皮膚也是有限。在這種情況，就是在皮膚上開洞，拿鋼纜穿過那

以挖土機及人海戰術來拉扯大型鯨魚。

些洞，再用挖土機（俗稱怪手）拉動那條鋼纜。

像挖土機這樣的重型機械，也是進行調查的幕後功臣。現在關於挖土機的大小可用「點45」、「點1以上」等專有名詞來指定，這是指挖土機的挖斗（位於收縮臂前端的削掘部分）體積大小，單位為立方公尺，中文簡稱為「方」。點1為0．1方，點45為0．45方。根據挖斗大小，決定挖土機整體尺寸及能力。

例如體長16公尺以上的抹香鯨，假如沒有使用2台以上的點45挖土機，就沒辦法移動巨大的頭部。對於操作員的技術能夠靈巧使用挖土機移動巨大頭顱，我是相當的佩服。即使和原本做的工作不同，移動的鯨魚也大概是生平第一次遇到，依舊能夠隨機應變。我能感受到他們的專業工匠精神，在調查結束之前，就已經變成好朋友了。

光是到此為止的作業，就消耗掉大量的體力。但是剝皮在解剖調查中只是最初的步驟而已，正規的內臟病理學調查才是關鍵。

調查現場的必需品

據說在捕鯨全盛時代，即使是巨大的藍鯨，也是在船上靠著人力來解體。對於藍鯨的幼體尺寸就已經嘆為觀止的我來說，用船尾的船臺將成體用絞車吊起來，放到船上再進行解體的時代真是超乎想像。這讓我體認到就算沒有最新的機器，人類的力量還是有辦法靠著經驗和智慧來解決各種事情。

誕生於那樣的時代的工具之一是「鯨刀」（鯨魚刀）。雖然製作鯨刀的日本公司只剩一家，分為薙刀般的「大鯨刀」及帶木柄的「小鯨刀」，這是調查大型鯨魚時不可或缺的工具。我有位荷蘭的研究者朋友，來日本看到大鯨刀時深受感動及啟發，回到荷蘭之後，還向這家公司訂購鯨刀。或許就全世界來說，也算是極為貴重的刀具呢。

大鯨刀是在剝鯨皮或是把頭部切斷之類的大規模作業使用，小鯨刀則是在把位於背部的脊椎骨的椎間板切開，一個個分解開來，或是剝開肌肉時使用。

鯨刀與常見的廚刀一樣，為了要保持鋒利，必須經常磨刀。由優秀磨刀師磨過的鯨刀，即使是巨大鯨魚的厚厚皮膚，也能以最小的力道就咻咻咻地往前切割，有如魔法一般。

另一方面，內臟則是用比小鯨刀要小一圈的解剖刀來分割切出，接著拍攝照片、測量重量，然後回收必要的部位。

內臟調查首先是要探究死因。同為哺乳類，會罹患和人類相同的疾病，如乳癌或淋巴瘤之類的癌症，流行性感冒、腦炎、肺炎、膀胱炎等傳染病，乃至心臟病或是糖尿病等代謝疾患、動脈硬化都有。

近年來，在海豚的腦中也發現了老人斑，換句話說，可能罹患阿茲海默病。其

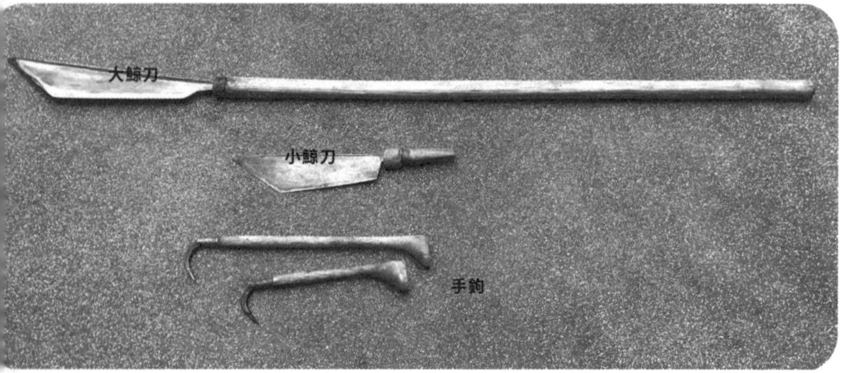

鯨刀（大鯨刀和小鯨刀）及手鉤。

他還觀察到寄生蟲的感染、環境污染物導致對內分泌（甲狀腺或副腎）或是生殖腺（陰莖或子宮、卵巢或精巢）的影響。

此外，還可以從生殖腺推測性成熟的程度，當成生活史的一部分。我們人類也是如此，身體的成熟及性成熟的時間通常會有差距。一般來說，性成熟比較早，在那之後才是身體的成熟。

此外，為了要發現「異常」，就有必要把握那種動物的「正常」。海洋哺乳類既然是再度回到海洋去的古怪傢伙，內臟也特別適應了演化。在這樣的背景下，對於異常、特有演化是否在正常範圍等資訊，整理並累積樣本數量，當成資料加以儲存。每天每天的鍛鍊與持續不懈，成為一股力量，欲速則不達。

進行作業的期間，鯨豚的血液和油脂會到處飛散，噴濺到身上，正如在第一章所述，回過神來才發現自己的狀況，已經連公共廁所都不能隨便去了。

因此在進行解剖作業時，總是套著抗油性的雨鞋，跟容易洗去污垢的廉價作業衣。假如是腳會泡在水裡的場所，就穿上連身膠鞋，夏季為了遮陽

即使在炎熱的夏季，基本上還是重裝備。

會戴著草帽。

我曾以渾身是血，各處黏附脂肪又汗流浹背戴著草帽的模樣，接受電視台的採訪。碰巧看到電視節目的家人和朋友，不但沒有慰問我的辛苦，反而是責難連連。

「你那是什麼糟糕的樣子。」

「那個草帽也太不搭了吧。」

我也因此獲贈幾頂時髦的帽子。

雖然時髦的帽子我也戴了幾次，不過在調查現場，跟時髦比起來，還是功能性比較重要，農家自古以來用的草帽還是最好的。話說回來，渾身是血的狀態下，戴著時髦的帽子反而極度不搭調，甚至很嚇人。獲贈的帽子現在仍然小心地保管在衣櫃裡，這件事就當成祕密吧。

幼稚園小朋友的現場「鯨豚教室」

擱淺調查的現場，有時會有住在附近的孩子來造訪。這種時候，我偶爾也會來場即席的「海洋生物教室」。前幾天有一大群到海岸校外教學的幼稚園小朋友，滿臉興趣盎然地靠過來，我就出聲喊他們：

「小朋友，大家好！今天來認識一下鯨豚吧，你們知道鯨魚是什麼嗎？」

我招手讓他們到排列鯨魚內臟的地方，小朋友跑著湊近過來，眼睛閃閃發光地看著剛從鯨魚體內取出來的內臟。

根據我的經驗，小學低年級以下的小孩，看到鯨魚的屍體或內臟時幾乎不會感到害怕。不僅不害怕，反而對首次看到的奇妙物體興趣盎然。

「這裡放著的是鯨魚的內臟，你們知道哪個是心臟嗎？」

這樣詢問之後，「是這個！」、「不是啦，是這個啦！」此起彼落的聲音回答著。

「噹啷～心臟是這個！」

伸手指往正確方向後，他們驚呼「好大！」興奮到不行。過了不久，更習慣之後，就會聽到像這樣的問題：

「姊姊你在這裡做什麼？」聽到「姊姊」這兩個字，我的精神就更加振奮。

「姊姊我為了要調查鯨魚為什麼會死在這個海岸，正在觀察鯨魚的肚子裡面和身體外側的各個部分。調查肚子裡面，也可以知道鯨魚吃了什麼，或是喜歡什麼哦。」

這樣說之後，孩子們回應：「哦哦，原來鯨魚也會有喜歡吃的東西啊。」開始認真聽我說話。

這個時候，為了要讓他們對鯨魚更感親近，我會跟他們說鯨魚也和人類一樣，是從媽媽的肚子出生，而且是喝很多很多媽媽的奶（從媽媽的乳房）

研究者喜歡授業講習。

才長得又大又壯。通常就會聽到這類問題：

「鯨魚寶寶也是吃媽媽的奶嗎？」

孩子們對「奶」這個字是很敏感的。

在這裡立即回答：「對啊對啊，是吃媽媽的奶。」告訴他們鯨魚雖然住在海中，卻是跟大家一樣是吃媽媽的奶長大的動物。但令人難過的是鯨魚寶寶不時就會被拍打到陸地上而死亡，姊姊就是在調查為什麼會發生這樣的事情。

「和媽媽走散了，鯨魚寶寶好可憐！」
「明明就像魚一樣住在海裡面，卻和我們是親戚嗎？」
「這麼大的鯨魚，在這裡的海裡游泳嗎？」
諸如此類，不時地有問題冒出來。對我來說這是最幸福的時刻。
帶隊老師起初帶著懷疑眼神看著眼前的大型鯨魚，和從肚子裡流出來的內臟，但在聽我說話的過程中逐漸靠近，變得很專注。
我相信看著鯨魚和內臟實物的同時，聽到的東西一定比教科書上的內容更容易留在孩子的記憶之中，我認為帶隊老師也是這樣。
當然，事情也不盡然都這麼美好。
有次遇到碰巧來海岸散步的親子，由於學齡前的小孩一直在看著我們作業，所以我就出聲喊道：「要不要到這裡來，靠近一點看？」結果家長趕緊拉著小孩走掉了，也有這樣的情形。
有時會聽到家長大聲斥責小孩：「鯨魚的屍體那麼髒那麼臭，不可以靠近！」
不過，並不是那些家長的錯。因為擱淺這種現象還沒有太多人知道。

假如在海岸看到正在調查鯨豚或是其他生物的人員，請在看到他們歇息的空檔出聲問問。若是時間尚有餘裕，他們一定會告訴我們很多事情，因為研究者都非常想要跟他人分享生物知識。

日本與海外的擱淺情況

海洋哺乳類不是只有擱淺在日本而已，而是頻繁地在世界各地發生。雖然本書聚焦在海洋哺乳類，不過在海岸擱淺的還有水母（無脊椎動物）、鯊魚（魚類）、海龜，以及大王魷之類的深海生物。

由於歐美從很早以前就認識到對擱淺個體進行調查的重要性，及活用在研究上的必要性，所以早已建置蒐集數據及樣本的管理系統。

例如在英國，從14世紀開始就把鱘魚和鯨豚稱為「皇家魚」而特別對待。只不過鯨豚並非魚類，我覺得要是稱為「皇家魚與鯨豚」就更加完美了。總而言之，到了20世紀，英國的鯨豚擱淺就是由大英博物館管理。

英國會以國家層級管理此事，如同前述，源自於十二分地理解到擱淺個體的調查及活用在研究上的重要性。大英博物館是國家級的博物館，調查之後只要標本保存下來，就會列入館藏，成為國家寶藏。

另一邊的美國，雖然在捕鯨全盛時期，海洋哺乳類的數目遽減，但是以藍鯨、北太平洋露脊鯨、灰鯨為首的瀕危物種數量卻增加了。此外，發現石油之後，因為石油更好用又能夠大量取得，取代了此前常用的鯨脂，因此全面廢止捕鯨，並於１９７２年制定《海洋哺乳動物類保護法》。

根據此法，美國國內的擱淺聯繫網絡急速擴充，設置於每一州的網絡均來自國家的營運資金，組織細分為調查研究組、志工管理組、推廣啟蒙組、學習支援組、設施組等，另有專職的工作人員常駐。擱淺鯨豚的救護或是死亡個體的資訊，會即時經由網絡的工作人員傳達給相關人員，後續的調查研究或資金、設施、人手等層面也都順暢進行。只要提出請求，軍方也會義務協助。從日本的觀點來看，有如夢一般。

不論是在哪個領域，即使有專家稱號，也一定有「第一次」。從「菜鳥」成長到熟練，被稱為專家為止，需要走很長的路以及累積許多的經驗值。美國將教學、設施、資金、知識等所有的面向都整備完全，有賴於

《海洋哺乳動物保護法》這個總統直屬制定的法律。

此外，美國雖然曾經讓黃石公園的狼，或是沿岸的海獺、灰鯨數量一度遽減到瀕臨滅絕的危機，卻也很成功地使其恢復。我認為像這樣能夠說到做到的技術和知識，真的是很了不起的一件事。

此外，在寮國和緬甸等開發中國家則是活用環境保護、生物多樣性的保育計畫，傾盡國力保育海洋哺乳類。

至於生物多樣性的保育計畫究竟是什麼？那就是生物假如只有單一物種，便無法存活。生物有多樣的物種，每個物種都以「魚幫水，水幫魚」的關係彼此連結，所以破壞生物多樣性很危險。掌握哪種生物處於瀕臨滅絕的危機，盡快地加以保育。作為計畫的一環，舉國保育海洋哺乳類的工作正在進行中。

日本雖然沒有專門對應擱淺的機構，但是國立科學博物館及各地政府單位、水族館、博物館、大學、非政府組織，會彼此協力合作應對擱淺的情況。然後，收藏在國立科學博物館中的標本，就像英國一樣，是當成日本的國家收藏永久保管，再加以應用到各個方面上。

雖然也有「鯨豚之類的海洋生物屍體漂到海岸，根據地方政府單位的判斷來決定是以掩埋或焚化的方式處理」，不過和我們採取合作來進行應對的情形也很多。

在日本，即使是學齡前的孩子也知道鯨豚的存在。水族館的海豚表演非常受歡迎，但是知道世界各地都有鯨豚之類的海洋哺乳類會被拍打上岸死亡的人卻不多。就算知道，除了專家以外，了解到那有可能會對自己未來造成重大影響的人就更少見了。

假如在海岸發現鯨豚

幾乎每天都會發生擱淺，意謂任何人都有可能在海岸碰見鯨豚。

假如剛好前往不太有人的海岸遊玩，並且發現有大型鯨魚被拍打上岸，大部分的人應該會感到茫然，不知該如何是好吧。鯨魚的存在感，即使是屍體也還是壓倒性地大。

「這是什麼?!」

純粹因為感興趣就靠近會很危險，雖說如此也請不要太過驚訝就將鯨魚放置不管而轉身離去。那麼，發現擱淺個體的時候，究竟應該怎樣做才好呢？

若站在遠處確認到有呼吸和動作的模樣，判斷鯨魚還存活，請立刻通報當地的政府單位（縣市町村的承辦組室）或是警察、消防署，聯繫最近的水族館是最好的方式。

當海洋哺乳類在活著的狀態擱淺，請盡量讓牠們回到海中。雖然就大型鯨魚而言頗為困難，但若是海豚大小，請地方政府單位聯絡水族館之後，憑藉經驗及專用擔架，讓其回到海洋的可能性稍微提高一些。

若海洋哺乳類喪失體力、身體變虛弱或是受傷必須治療，可以搬運到附近的水族館做暫時性的收容。治療野生個體不僅是在救助那隻個體的性命而已，也能提升動物園和水族館的鯨豚治療水準。此外，當健康恢復到相當程度之後，有時也在生態學、生物學、生活史等研究者進行調查之後讓其回到海中。

擱淺個體的保護與收容，也是因為平時無法飼養那些物種，能藉此獲得資訊的寶貴機會。

另一方面，在海岸發現到已經死亡的擱淺個體時，優先選項就是聯絡地方政府單位。

在這個時候，行有餘力能聯絡當地博物館或水族館的話，我在此萬分感謝。因為如前面多次提起，死亡的個體很有可能會當成巨大垃圾處理掉。

除了博物館和水族館以外，根據地區的不同，有些地方也已經有專門處理擱淺的聯繫網絡。下列的五處是其代表（聯絡清單請參照書末）。

- 北海道擱淺聯絡網
- 茨城縣擱淺聯絡網
- 神奈川縣擱淺聯絡網
- 伊勢三河灣擱淺調查網絡
- NPO法人宮崎鯨豚研究會

其他地區如九州地區有長崎大學水產學院、四國地區有愛媛大學沿岸環境科學研究中心，也在積極的對擱淺進行應對。

我所屬的國立科學博物館除了這些網絡及學術機關之外，還經常和日本鯨豚研究會（http://cetology.main.jp/）、各地的博物館和大學、水族館、協力者等共同分享跟擱淺有關的資訊，進行調查與研究。

因此，不管發生擱淺的地區是在何處，請將直接聯絡科博列入選項。科博的官網上也有本人的電子信箱及研究室的電話號碼。假如能夠在您的智慧型手機上把我的資料登記成緊急聯絡人，我會非常感謝。

幫抹香鯨聽診確認其狀況。

女性研究者熱愛大傢伙？

在海洋哺乳類有關的業界中，不知何故，女性工作人員占比極高。以博物館的研究員為首，各地的賞鯨工作人員、水族館員工、主辦教育計畫的單位等等，放眼望去，不論哪個業界都是以女性居多。

根據傳聞，女性對於比自己大的海洋哺乳類，似乎懷抱某種憧憬、尊敬、療癒、幸福感等的傾向。或許跟對異性抱持的感情相似。

雖然是以女性居多，但在擱淺的現場調查或是製作標本上，一般所謂的3K（辛苦、骯髒、危險）「體力勞動」，卻和博物館的其他領域一樣。理所當然，就算是女性，也跟「纖瘦」扯不上邊，而有健美肌肉、曬得黝黑、說話聲量絲毫不輸男性。

不管怎麼說，正是因為喜歡，才努力積極進步。即使是個子嬌小的女性，也有許多累積豐富經驗而活躍於現場的人。

當我研究所畢業後到美國留學的時候，對於美國西海岸知名研究機構中，從事研究的人幾乎全都是女性這件事，有很深刻的感受。此外，她們的共同點是有體貼的伴侶。看到活躍於第一線的女性，我單純覺得「很帥氣」並衷心嚮往，希望自己有天也能和她們一樣。

執筆本書之時，有機會向中學生介紹理組的有趣之處。聽說近年中學生選理組的比例變少了，尤其是女生。

我的中學及高中時代，也是選理組的女生很少。不知道是不是當時女性活躍於社會第一線還不是理所當然，所以有女生選理組，會讓就業的窄門更窄的印象。

實際上，在科博的動物研究部裡，我是睽違50年之久的女性正職員工，現在也是動物研究部正職之中唯一的女性。放眼世界，女性成為國家領袖或擔任重要職位的國家不在少數，而且結婚和生育等私生活充實的居多。不論性別和年齡，只要社會環境會對個人成就給予評價，女性活躍的場合應該會越來越多吧。在今後的科學世界中，要是活躍的女性越來越多，該是多麼讓人高興的事！

第四章

從前海豚有手
也有腳

海豚是「可愛的鯨類」

海洋哺乳類的鯨類之中，海豚是不是比鯨魚更有親近感呢？因為實際上看到鯨的機會不多，而海豚只要到水族館就能看到。有些水族館還會讓遊客與海豚做近距離接觸，海豚在電視的動物節目中也很受歡迎。

海豚從水中露出頭來看向這邊的臉部，看起來就像是笑臉。雖然很難科學性地證明海豚會笑，不過海豚的臉部確實有一系列和我們一樣稱為「表情肌」的肌肉，這是哺乳類的證據之一。

話雖如此。表情肌原本的功能並不是做出臉部表情，而是構成「臉頰」，在出生之後吸吮乳頭喝母乳，後頭才有面部表情。

從這個角度來說，和人類同樣具有表情肌肉的海豚，應該也會有某些臉部表情吧。不過到目前為止，仍舊不清楚和人類的「喜怒哀樂」表達方式是否相同。

聽潛水的人說，在海豚棲息的海域潛水幾次之後，海豚就會靠過來，展現似乎在邀請「一起玩耍」的行為。當然，他們並沒有餵食海豚。

海中的野生海豚竟然會主動靠近人類，真的是非常不可思議。聽說一起游了一陣子以後，就又不知道去哪裡了。雖然不知道是否對每個人都做出同樣的行為，不過某些物種似乎就是如此。如果是這樣，對於同為哺乳類的人類是否感受到了什麼？我不禁思緒翻湧。

有些鯨魚會像海豚那樣靠近人類，人類接近也不會逃走。只不過鯨魚的體型實在太大，很難一起玩耍。可惜的是即使牠們在笑，也會由於臉部太大而無法看清表情。

「哎呀，鯨魚和海豚是完全不同的生物嘛！」

或許有人這麼想。不過，其實海豚和鯨在生物學上是屬於同樣的類群。海豚和鯨是同屬鯨目的「鯨類」。歷史上感覺「可愛」的物種稱為「豚」，姿態雄偉令人敬畏的稱為「鯨」。簡單的說，所謂的海豚是指「小型的鯨類」。

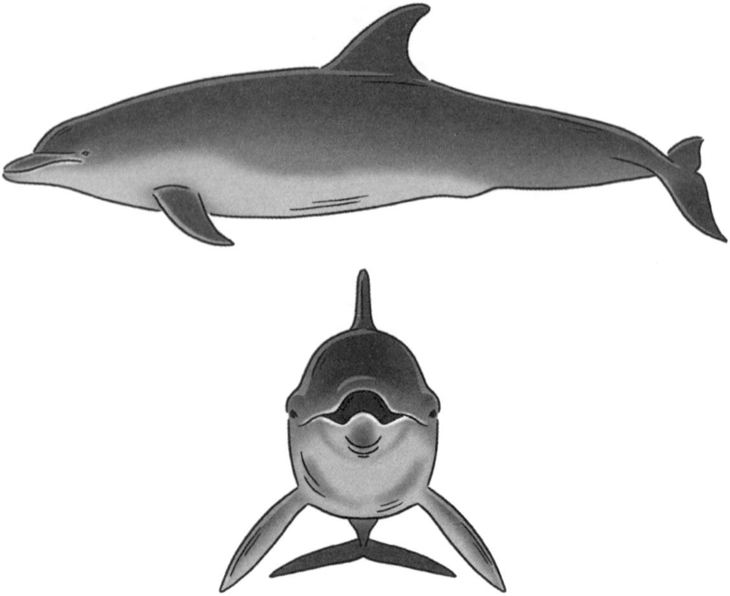

瓶鼻海豚。從正面看的笑臉。

一般來說，體長在4公尺以下的鯨類稱為海豚或淡水豚，體型在那以上的則稱為鯨。不過這僅供參考。

不論如何，第二、三章中提及鯨魚的事情，全都可以套用在海豚上面。雖然說過鯨類大致分為齒鯨和鬚鯨兩類，但稱為海豚的幾乎都屬於齒鯨。齒鯨之中除了抹香鯨，以中小型為主。

實際上，在水族館中常見的瓶鼻海豚、太平洋斑紋海豚、康氏矮海豚、熱帶斑海豚、糙齒海豚、露脊鼠海豚等，全都屬於齒鯨。

手變成鰭，腳則消失了

從宏觀的觀點來說，鯨豚和人類屬於相同的譜系。生物學上所說的「譜系」，是指生物按照一定的順序串連在一起，具有共同祖先的族群或類緣關係、血緣關係等。

生物在演化過程中會分成各式各樣的譜系，哺乳類也是其中之一。所謂哺乳類，就像字面上所表示的，是產下孩子並以母乳哺育的動物。

在生活周遭的狗和貓，和我們屬於相同譜系很容易理解。假如有看過貓狗生產和哺乳的樣貌，就更能理解了。

另一方面，聽到在海中悠游的鯨豚「和人類是同類喔」，應該有很多人無法接受或理解。

「外觀看起來就是魚啊。」

真的是這樣沒錯。

一般來說要是譜系相同，外觀也會相似，因為以骨骼為首的身體基本構造相同。

狗和貓只要看一眼就會覺得跟人類很像，只要人類的手腳著地趴著，基本體態就很相似。看電視上的動物節目或是網際網路的影片時，有時候會看到靠坐在椅子上的貓，模樣「好像老爸」而成為熱門話題。但只要想到屬於相同譜系，也就能理解難怪看起來會像老爸了。

相對於此，在鯨豚的身上看不到人類或狗那樣的手腳，取而代之的是背鰭和尾鰭，怎麼看都不會認為身體基本構造和我們一樣。印象中就會覺得：「果然還是魚啊！」

生物在自身所處環境改變的時候，為了要適應環境，會想讓身體的構造與功能做出大幅變化而存活，稱為演化。

海豚之類的海洋哺乳類祖先，原本都生活在陸地上。但因某些理由而再度回到海中，為了要適應跟陸地上截然不同的海洋環境生活，將身體的各個部分做了

大幅度的改良。

例如為了要在海洋中減少水的阻力而迅速移動，把體型變化成像鯊魚或是其他魚類般的流線形。

將水中快速游動的推動力交給尾鰭，結果使後肢退化，而前肢變成鰭狀，在游泳時能夠自在轉向。

結果是乍看之下，連海豚也有著魚類一般的外觀。像這樣在適應環境的過程中，偶然讓某些生物彼此有相同或相似的外觀或功能的演化，稱為「趨同演化」或是「趨同」。

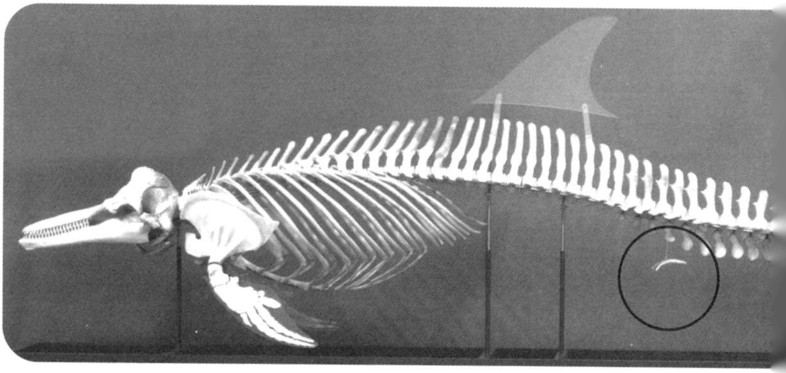

瓶鼻海豚的骨骼。後肢退化消失，骨盤殘留著小小的痕跡。

扮裝成魚類的哺乳類

討論這些議題時，經常有人問道：

「既然為了適應水中生活而讓體型變成像魚那樣，海豚不就應該是魚類了嗎？」

假如是這樣，我應該不會對海豚為首的海洋哺乳類有如此大的興趣了吧。海豚等海洋哺乳類的奧祕（或是魅力）就在這裡。

雖然海豚的外觀確實像魚一樣，但在解剖並仔細觀察身體內側的時候，就會清楚地體認到海豚確實和我們同屬哺乳類系統。

身體骨骼的基本要素，現在也仍舊跟陸生哺乳類一樣，不同之處只在於各個部位的骨頭大小和數目而已。由於後腳退化，骨盤已經不需要了，但是海豚的身體至今還殘留骨盤的痕跡。

此外，為了適應海洋生活而急遽生成的尾鰭和背鰭，是由皮膚變成「暫時的鰭」，構造並不是像魚類的鰭那樣。不只是海豚而已，鯨魚及海狗之類的海洋哺乳類皆是如此。

鯊魚是左右擺動尾鰭游泳，海豚則是上下擺動尾鰭游泳。

再加上鰭的生長方式、鰭的位置、數量等，都與鯊魚或其他魚類有所不同。特別留意尾鰭，會發現鯊魚及其他魚類的尾鰭是和身體平行，左右擺動尾鰭前進。

另一方面，海豚的尾鰭相對於身體垂直生長，在腹背方向上下擺動游泳。這和人類潛水時，在腳上穿著蛙鞋邊上下踢動游泳的姿態，或是狗在草原上快跑時擺動尾巴的方向一樣。

雖然海豚的外觀乍看之下完全就是魚的樣子，但在調查骨骼或是內臟的要素時，各個重點關鍵部分都會看到哺乳類的共通性。同時，也能夠了解為了適應水中生活而獲得的特徵。

海豚游泳速度的祕密

說到海豚，給人最深刻的印象是在海中悠哉游泳的模樣，但只要認真起來，卻能以時速50公里游泳。一般認為能以如此高速游泳的原因，與其獨特的游泳方式有關。

大部分的人應該有在動態影像或是卡通動畫中，看過海豚反覆從海面上躍起再潛入水中游泳的姿態。這種游泳方式稱為「躍水」（porpoising），又稱為「海豚式」。除了海豚以外，企鵝也是以同一方式游泳而知名。

其實這種獨特的游泳方式，正是海豚高速游泳的原動力。

「一直潛在水中游泳，不是比較能夠不消耗體力地加速嗎?!」

確實如此。例如潛水游泳的劍旗魚，據說能以時速100公里游泳。但因海豚是哺乳類（用肺呼吸），在游泳的途中需要換氣，因此就算潛在水中

以躍水方式換氣游泳。

以高速游泳，還是有必要經常把頭伸出水面。

普通游泳的時候這樣沒有問題，但若碰到在追趕獵物或逃離天敵的緊急狀態時，該如何換氣並迅捷地游泳，就成為很大的課題。

假如一直把頭伸出到水面上方，頭部後方便會產生渦流，向前游時產生把身體往後拉的力量，導致游泳速度變慢。若是如此，還不如全身躍出海面更能提高游泳速度。

現在最有力的假說是海豚

用固定的節奏跳出海面，趁機換氣，以保持速度高速游泳的游泳方式（躍水）。

海豚的流線型身體，以及能夠讓阻力減低到最小限度的變細吻部，都使這樣的游泳方式成為可能。大型鯨類由於龐大體型的干擾，很難以這種方式游泳。

即使對海豚來說，也只有必要的時候才用躍水，無法長時間持續。雖說如此，卻也經常見到明明就不是緊急情況，卻跟著高速船，在旁邊躍水並排游泳的海豚。見此模樣，就會想像牠們是不是想要對同為哺乳類的我們做某些表示而感到開心。

人類也能感受到海豚不同於其他海洋哺乳類的特殊魅力。

以「超音波」捕捉周圍的資訊

海豚的鼻孔（噴氣孔）在功能及構造上也有很大的特點。

包含人類在內的哺乳類，通常都有二個鼻孔，但是海豚（齒鯨類）的鼻孔位在頭頂，卻只有一個。雖然頭骨有左右一對通道，但是頭骨往鼻孔的途中，左右通道合而為一，結果就變成一個孔。海豚透過這個鼻孔，吸取氧氣、排出二氧化碳，進行肺呼吸。

海豚的鼻子除了呼吸以外，還擔任重要的角色，就是其他海洋哺乳類辦不到的「回聲定位」（echolocation）。在陸生哺乳類之中，翼手類（蝙蝠類）同樣獲得回聲定位的能力，這是以超音波發出可聽頻率的聲波，再以回聲來探索周圍的狀況或獵物的能力。

外鼻孔的基部，也就是在鼻子的深處有呈唇形的皺褶，以讓這些皺褶震動的方式發生各種聲波。就跟人類讓位於喉部深處的聲帶震動發聲一樣，可以想成在鼻道有聲帶。這個皺褶狀的構造物，由於外觀看起來跟猴子的唇部很像，起初稱為「猴唇」，但近年認為是跟聲響有關的特殊器官，改稱為「聲唇」。

水中即使是透明度很高的地方，視野的範圍極限也僅幾十公尺而已，無法像在大氣中能以視覺看到遠方。特別是太陽光能夠抵達的地方，只有海表層很少的範圍而已，其他都是漆黑到幾乎看不清楚的狀態。

因此，海豚不停以這個唇狀構造物發出超音波或可聽頻率的聲波，再用位於鼻孔前方稱為「額隆」（melon）的聲響脂肪調整聲波方向或強度，並接收反彈回來的聲波，收集周圍的資訊及獵捕食物。

關於「額隆」的語源有各種不同的說法，從外觀與哈密瓜相似，乃至脂肪組織斷面與哈密瓜表面網狀構造相似等等。無論如何，通過額隆的聲波碰撞到物體的時候會反彈回來，接下來得要接收那個反彈回來的聲音，所以在此又有一個只有海豚（齒鯨類）才有的特異構造。

海豚並沒有從外觀可見的耳殼，因為在游泳時會造成干擾。耳殼是指包含耳垂在內，從外側看得見的耳朵部分。海豚並不像人類用耳朵接收聲波，而是用下顎骨。反彈回來的聲音經由下顎骨傳達到內側的脂肪組織，脂肪組織就會跟著震動。

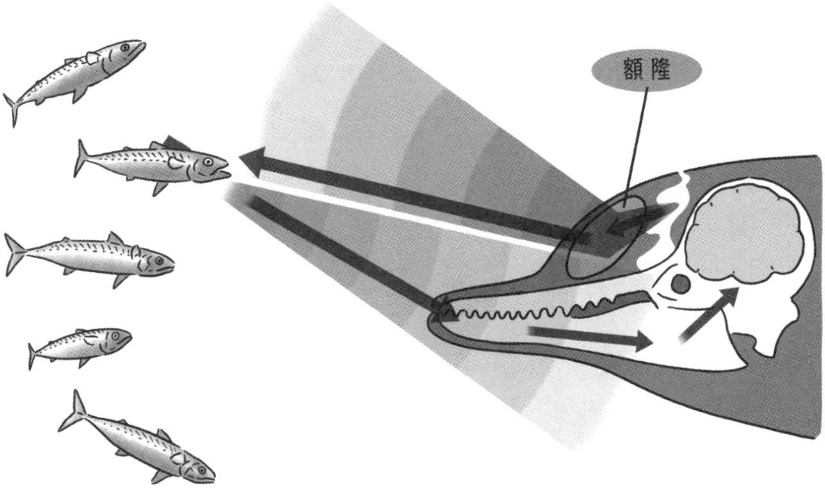

海豚的噴氣孔及回聲定位的機制。

震動在抵達內耳傳達到腦部之後，再「聽取聲波」接下一個動作。以人類來說，耳朵有障礙的人可以裝上特殊裝置，透過骨傳導而聽到聲音，原理和這個差不多。額隆及下顎骨內側的脂肪組織和聲響有很深的關聯，所以稱之為「聲響脂肪」。

探索周圍發出的聲波是滴答聲，人類聽來像是「喀嘰喀嘰……」。在海豚同伴之間溝通發出的聲波有如哨音，聽起來似乎是「嗶呦～」。

人類聽得見的頻率從20赫茲到20千赫左右，據說海豚大多可以聽到100赫茲到150千赫，頻率範圍非常廣。因此，能配合目的改變發出頻率的次數或是強弱，用以確認與同伴之間的距離、獵物的大小與位置、天敵的樣貌和位置、有無障礙物存在並加以識別等等。

以陸生哺乳類來說，在黑暗洞穴中生活的翼手類（蝙蝠類）也具有相同的能力。翼手類和我們同樣是使用喉部聲帶發出超音波，從耳朵接收聲波。換句話說，雖然同樣具有回聲定位的能力，海豚（齒鯨類）卻擁有適應海洋環境的特殊構造。

此外，一般認為海豚的腦並不具備掌管嗅覺的部位（嗅球和嗅神經）。

「不過話說回來，根本不可能在水中嗅聞氣味吧？」

像我們這樣適應陸地生活的鼻子構造，嗅覺在水中無法起作用。假如在海中用鼻子聞來聞去，必然會溺斃。

另一方面，也有像在水中生活的海豹及海獅等鰭腳類，這般具有嗅覺的物種。

嗅覺是脊椎動物祖先還在水中生活時，就已經具備的最原始感覺。現在的陸生動物隨著上陸改變了嗅覺的機制，獲得從空氣中檢測出氣味物質的功能。另一方面，當海洋哺乳類再度回到水中的時候，雖然海豚沒辦法把這個功能改成在水中也能使用，卻也沒有具備嗅覺有關的神經系統，關於是否沒有必要則尚未有定論。附帶說明一下，鬚鯨類的嗅覺功能雖然已大幅衰退，但牠們的嗅覺神經系統並未完全消失，似乎能以氣味的方式識別大氣中的化學物質。

也有說法認為海豚雖然喪失了氣味，卻獲得回聲定位這種新的能力，所以就沒必要回復嗅覺功能了。

形狀渾圓的鯨豚內臟

在進行海豚的解剖調查時，從內臟也看得出和陸生哺乳類走上不同演化路線的痕跡。

例如陸生哺乳類中，牛和河馬之類的偶蹄類與鯨豚有共同祖先，主食是草，所以歸類為草食動物。哺乳類基本上沒辦法分解草的細胞壁。

縱然如此，牛還是只吃草，提供美味可口的牛奶及各種等級的肉品給人類。為了分解細胞壁，讓微生物住在胃裡面，像馬或貘等奇蹄類是以盲腸當成發酵的場所，整個腸子都肩負重要的功能。

相對於此，包含海豚在內的齒鯨大多沒有盲腸。海豚於再次回到海洋的過程中，改以烏賊和魚這些動物為主食，成為「完全肉食性動物」。換句話說，沒有必要分解細胞壁，因此不再需要盲腸了。

不過同為肉食性的鬚鯨類至今仍保有盲腸，而且痕跡還相當清楚。殘留盲腸這件事，顯然是扮演著某種功能，至今仍不清楚緣由。這是今後做研究時會列舉出來的課題之一。

此外，海豚回到海中之後，量身訂做了口中的構造。在海豚中具有獨特「齒」的物種，關於其扮演的角色，也在第二章的齒鯨項目中簡單做了介紹。其他還有牙齒表面有皺褶的糙齒海豚，或是具有黑桃形牙齒的露脊鼠海豚等具有特徵性牙齒的海豚。

在第二章中提到齒鯨明明就有牙齒，卻直接把獵物整個吞下去（稱為吞飲）。讓這件事情可行的原因，跟支撐舌頭的骨頭，也就是「舌骨」的大規模特殊改造有關係。

把獵物吸入口中時，口部的狀態只要略微張開，連結舌頭的舌骨會被從胸骨伸出的肌肉強力往後方拉扯，口腔便鼓脹形成負壓，自動將食物吸到嘴巴裡面。為了成就此事，海豚有了拉扯舌骨的強韌肌肉及大而堅固的舌骨。因此就能將主食的烏賊、章魚及魚類等吸入口中整個吞下去。

包含人類在內的陸生哺乳類，大多使用牙齒捕捉食物，咀嚼之後再吞進肚子，因此和捕食無關的舌骨一般都比較脆弱。齒鯨這是為了能夠在水中有效率地覓食並順利吞飲。

不過在這裡，又發現了另一個問題。

或許已經有人注意到，連同大量的海水一起將食物吸進口中（吞進肚子裡），伴隨著著很大的危機。假如沒有適當處理掉海水中的鹽分，身體必然會乾枯。

生物的體液之中，基本上有一定範圍的鹽分和礦物質。雖然鹽分和礦物質是生物存活不可或缺的成分，但是過量攝取到體內，就會變成威脅生命的危險物質。這點對生活在海中的哺乳類也是一樣，應該盡量不喝海水才是。

同樣生活在海中的海龜，眼睛下方的淚腺具有調整鹽分的功能。就連原本就棲息在海中的魚類，鰓中也具有擔任調整鹽分作用的鹽類細胞。縱然如此，在哺乳類的海豚身上，卻找不到調整鹽分的器官。海豚不具備這種功能就回到海中，而且選擇了連同海水一起吸入口中的攝食方式。

「就算連海水一起把食物吸入口中，只把食物吞下去不就沒問題了嗎？」

設定這樣的假說之後，我和同事做了簡單的實驗。把冰水含在口中，嘗試看看能不能只把冰塊吞到肚子裡面。大家也請試試看，會發現這是絕對辦不到的。

海豚可能會在進食的時候喝下一些海水。這樣的話，問題就變成「鹽分是在哪裡調整的？」雖然腎臟和腸應該能夠在某種程度上，調整為體液的淡水和鹽分，不過現在還沒有完全解明。

此外，以海豚為首的鯨類，其他內臟的特徵是整體形狀呈渾圓。我長年在大學的獸醫系持續看牛或狗的內臟，第一次看到海豚內臟時非常驚訝。

哺乳類的肺一般分成左肺和右肺，再細分成很多小塊，但是海豚的肺並沒有分開，而是像發酵的麵糰，整團圓滾滾的。肝臟也同樣沒有分葉，同樣是整團渾圓的形狀。

胰臟一般像剛撈起來的豆皮，軟綿綿蓬鬆的樣子，不過鯨類的胰臟卻像炸雞塊，是結實的塊狀。脾臟一般是扁平的橢圓形，但鯨類則是球狀。我第一次看到鯨類脾臟還以為那是畸形而差點誤診。

那麼，為什麼內臟會是這個樣子呢？在完全適應水中生活的

像奶油麵包般渾圓的脾臟。

過程中，若是讓內臟變成單純的圓形，配置在該處的血管也能很有效率的單純化，成為能夠抗水溫變化的內臟。另外，就物理性來說，球體是最能夠抵抗來自外部各種刺激（壓力或撞擊）的形狀。在這樣考慮之後，鯨類的內臟之所以會變得整體渾圓，是很合乎邏輯的選擇。光是一個內臟，就能一窺鯨類完全適應周圍環境存活下來的證據。

海豚之類的鯨類可說是為了適應水中生活，經過長久歲月將身體改造成最有效率構造的動物。就算如此，相較於同在水中生活的魚類及甲殼類，為了呼吸要上浮到海面，或是剛誕生的寶寶一出生就得游泳尋找媽媽的乳頭，邊游邊吃奶等等，有很多不方便的事情。縱然如此，還是持續在海洋中生存。當然也有可能還只是改版改到一半。

無論如何，從哺乳類、恆溫動物、脊椎動物的這種「譜系」可以看出來的特徵及適應環境的結果，正好跟在分類上分屬不同譜系的生物相似，這種偶然的「趨同」總是互相矛盾。考慮生物的演化或生物的生活方式的時候，都是重要的關鍵。

受歡迎的「露脊鼠海豚」教我們的事情

在日本的話，相較於和海豹或海狗的鰭腳類，或是儒艮、海牛的海牛類，鯨豚的擱淺報告更多。特別是棲息在日本沿岸的露脊鼠海豚，全年都經常擱淺。

露脊鼠海豚是棲息於亞洲的河川或沿岸區域，體長約2公尺的小型齒鯨類。在日本的「從仙台灣到東京灣」、「伊勢三河灣」、「瀨戶內海」、「大村灣」、「有明海橘灣」等五個海域，有大形集團棲息著，各集團由一到數頭個體群集生活。

即使不知道露脊鼠海豚的名字，應該有很多人在電視或網路上的影像見過，知道這種會從口部吐出圓圈狀泡泡的海豚。那就是露脊鼠海豚。

沒有喙部也沒有背鰭的露脊鼠海豚，外觀或許是「不像海豚的海豚」。但是，由於渾圓的可愛長相，使其跟瓶鼻海豚並列為最受喜愛的海豚。以露脊鼠海豚為本的吉祥物及紀念品，經常用於海洋或是地方的宣傳活動上。不論是吉祥物或是紀念品，都很受孩子及大人喜愛。

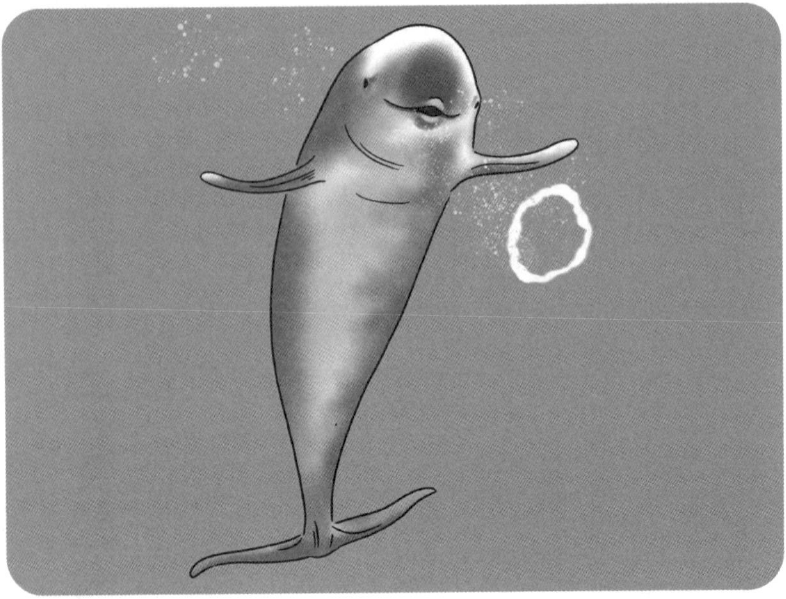

露脊鼠海豚吐泡泡。

雖然露脊鼠海豚是如此受到喜愛的動物，但是很少人知道牠們很頻繁地被拍打上岸。

在長崎大學水產學院的冷凍庫中，保管著在九州地區海岸擱淺的露脊鼠海豚個體，而且每年都會舉辦一次「解剖大會」，從全國招募希望參與解剖調查的研究者，讓大家可以獲得用來進行各種研究的實驗材料及資訊，已經成為年度結束前的例行活動。

每次均解剖20～30頭露脊

鼠海豚進行調查，顯示光是在九州地區，每年有比這個數字更多的露脊鼠海豚擱淺。

露脊鼠海豚在海豚之中，是屬於棲息在海岸附近的淺海物種。為什麼會偏好沿岸地區，探索這件事也是這個解剖調查的目的之一。

到目前為止所知，偏好以棲息在沿岸的生物作為食物。因為體長約2公尺，不算大型的物種，可能跟棲息在外海的大型物種在生態棲位上有所分隔。

棲息在沿岸地區，就容易受到人類社會的影響。由於填海工程導致喪失食物及棲息場所，或是經由河川及大雨而使陸地暴露出污染物，這種情況也很多。

填海造陸尤其嚴重，就算說是污染物的淵藪也不為過。電腦、行動電話、電視機、汽車等零件只要埋進去，環境污染物就會從材料中的阻燃劑、塗料等，經由河川流到大海之中。

雖然關於海洋的環境污染會在第七章中詳細說明，不過有報告指出像海洋塑膠之類的海洋污染物之中，大約七成是經由河川而來。

有位環境保護團體的成員說：「必須認知到只要打開水龍頭，另一端就連接海洋，抱持著這種心情來過日子。」我認為此言不虛。

雖然日本的污水處理能力及設施可能是世界頂級水準，卻還是有檢測不出來，直徑在5公釐以下的塑膠微粒，近年已知這會對海洋生物造成莫大的惡劣影響。我們常用的隱形眼鏡、牙膏或是磨砂膏的細微顆粒、塑膠破片，要是流入下水道再流進海中，就會成為導致海洋生物死亡的原因之一。

例如由於水質惡化，導致食物減少或是溶氧量降低。此外，當環境污染物累積在體內，就會導致免疫力下降，變得容易生病。再加上海面被海洋塑膠全面覆蓋就無法呼吸，皆有可能讓露脊鼠海豚的身影消失。

每次目睹露脊鼠海豚擱淺的屍體時，就會覺得露脊鼠海豚可能是以自身的經驗，幫我們敲響人類社會現狀的警鐘。

為什麼會發生「集體擱淺」？

海豚的擱淺以好幾頭一起被拍打上岸的案例為多，稱為「集體擱淺」（請參照第133頁）。正如前述，稱為瓜頭鯨的海豚經常在春初從千葉縣到茨城縣的沿岸集體擱淺。

以最近的案例來說，2015年在茨城縣海岸長達5公里的範圍，有156頭瓜頭鯨被打上岸。

為什麼會這樣同時有大量海豚

海豚在千葉縣的海岸集體擱淺。

© Surf Shop Village

集體擱淺呢？

目前已知的原因：如整群罹患肺炎或腦炎之類傳染性很強的傳染病而集體擱淺；因地球規模的磁場變化導致選擇路線發生錯誤；因頭蓋骨內的寄生蟲破壞神經和腦，導致「回聲定位」無法正常運作而使整群擱淺。此外，因軍事演習而不慎暴露於低頻率聲納，受驚急速上浮罹患減壓病（以人類來說稱為潛水夫病）並因此死亡，接收聲波導致聲響脂肪或內耳周邊遭到破壞等等。

再加上社會性高，只要群體之中有一頭的身體狀況變糟，整個群體會想要去配合牠。假如是群裡的領袖身體狀況變差，為了配合領袖而導致整群弄錯目的地等等，都可能是原因之一。

小型殺人鯨「小虎鯨」

棲息在日本周圍的海豚之中，有種幾乎沒有擱淺案例，號稱「夢幻海豚」，那就是小虎鯨。

小虎鯨。體長約 3 公尺，特徵是口部周圍及腹部為白色。

小虎鯨的存在，到了19世紀後半才首次登載於文獻，雖然在英國的大英自然史博物館中收藏著2具頭骨，卻沒有全身骨骼，生態和全貌也一直處於不明的狀態。

重新發現這種夢幻海豚的人，是日本海豚研究先驅暨第一人的山田致知教授（以下稱為致知老師）。

1952年，致知老師因工作造訪有古式捕鯨發祥地之稱的和歌山縣太地町，在海邊聽見漁夫紛擾說道：「發現從來沒看過的海豚。」之後趕到現場，將那頭確實不曾見過的海豚全身骨骼帶回。

這與日本國內所有海豚頭骨都不一樣，之後與保存在大英自然史博物館中的兩個頭骨進行比對後，確認是同種海豚，是睽違大約一個世紀的再發現。簡直像是美夢成真般的大發現，依照鳥類學者黑田長禮博士的提議，日文名為「夢巨頭」。

小虎鯨的體長小於3公尺，頭部渾圓，沒有喙部。在海豚之中屬於體型纖細型，並且已知是以10頭以上的群體一起活動。

英文名pygmy killer whale意為「小型殺人鯨」，「殺人鯨」之名與日文名之間的落差極大。雖然這對熱愛海豚的粉絲來說可能是很大的衝擊，不過小虎鯨據說脾氣確實很差，至少個性上不親人。

現在日本國內，只有沖繩的美麗海水族館中飼養一頭。

重新發現到小虎鯨的致知老師，其實是科博的山田格博士的父親。山田格博士本身也從擱淺個體發現了兩個新種，這也可以說是「譜系／血統」的體現。

受困在流冰中的12頭虎鯨

雖然前面介紹的小虎鯨名為「小型殺人鯨」，但本家的虎鯨原本就有「殺人鯨」的名號。

我開啟研究海洋哺乳類的契機，就是虎鯨。學生時代的我，瞬間折服於那完美的線條、令人驚嘆的黑白交織體色對比，還有銳利雄偉的牙齒，總之就是一見鍾情。在那之後，知道虎鯨的個性充滿對同伴的溫柔及關懷，就更加喜愛牠們了。

在此背景之下，虎鯨對我而言是海洋哺乳類中特別穩居第一名寶座，我最喜愛的動物。稱為「殺人鯨」，也只是在嚴酷的大自然中求生存的行為，虎鯨的社會中充滿著對彼此的溫柔與體貼。

實際上，我親眼目睹了這種場面。

2005年2月7日，山田老師收到電話聯繫，對方是東京農業大學北海道鄂霍次克校區的宇仁義和先生。

「在北海道目梨郡羅臼町的相泊地區沿岸，有12頭虎鯨現在受困於流冰，動彈不得。」

收到這個通知之後，是慘烈故事的開端。

根據宇仁先生的說法，在知床半島及國後島之間的海峽，由於這幾天的強風讓流冰逼近北海道的東部沿岸，一夜之間就覆滿了相泊地區的海岸。海岸附近經營食堂的居民於清晨注意到陌生的叫聲，走到海邊看看發生什麼事，發現有4～5虎鯨被流冰困在海岸附近的淺灘，動彈不得。看到鮮血染紅的冰，大吃一驚，立刻聯繫了當地的區公所。

當羅臼町區公所承辦人趕到現場的時候，看到10頭左右的虎鯨困在流冰之間，不少還活著，其中還包括了幾頭幼鯨。雖然立刻嘗試了各種營救方法，不過都遇到瓶頸。

由於虎鯨受困的地方是淺水區，巡邏艇進不去。現場狀況即使漁船想要把流冰弄碎，做出虎鯨的逃生路徑，也沒辦法前進到虎鯨附近。好不容易做好的逃生路徑，由於酷寒又馬上被封住了。

到了下午，虎鯨群就像被流冰推著走般，更加逼近了岸邊，於是決定就算只有虎鯨的幼體，也要採取人力作業搬到岸上來。但是幼鯨的體重也有數百公斤，因過重而放棄。就在這樣那樣討論的過程中，到了傍晚，死亡的虎鯨開始變多了。在日落後暫停了救援作業，還不停地聽到活著的虎鯨叫聲。

隔天2月8日的早上，流冰中只剩一頭雌性虎鯨還活著。到了下午，這頭虎鯨平安地從流冰中脫困，往遠海的方向游去。原本好像是由12頭所組成的虎鯨群，有2頭在7日清晨自行脫困。剩下的9頭（含3頭幼鯨）則是在流冰中斷了氣。

整群虎鯨困於流冰而且幾乎

受困於北海道羅臼町流冰中的虎鯨。

© Uni Yoshikazu, 2005

全數死亡的案例，在全世界也屬罕見。當時對日本國內的研究者來說，幾乎完全沒有機會觀察野生虎鯨或進行調查，無論如何都想對這9隻虎鯨進行解剖調查，而且為了研究，有必要盡可能地回收標本。

雖然我們是這麼打算，現實狀況卻極為嚴苛。此時，連同羅臼町相泊周邊在內的道東地區，強風及豪雪肆虐。町內只有一條道路可以抵達虎鯨屍體的海岸，大雪封路，想要調查得先進行大規模的除雪作業，再加上如何搬運9頭巨大的虎鯨也是個大問題。

大家正在煩惱到底該怎麼辦的時候，曾讓虎鯨吃盡苦頭的海面，9日那天卻變得出奇平穩，海岸附近幾乎都看不到流冰了。於是9頭虎鯨屍體就靠著當地的潛水員、沿岸小船和漁船回收，拖到相泊漁港。並且決定從2月14日到16日的3天內，對9頭虎鯨進行調查。

羅臼町位於在2005年7月登錄為世界自然遺產的知床地區。知床有雄偉的大自然、充滿生命力的野生動物與各式各樣的食材等，是絕對值得造訪的勝地。

如果可以，我希望在知床外海看到活生生的虎鯨，並在平安救出全數個體的現場歡呼。雖然大部分虎鯨已經死亡著實遺憾，但是為了不讓死亡變成白費，對於首次的虎鯨調查，我的心情非常緊繃。由於是全世界都在關注的案例，深感責任重大。

調查當天，拖回相泊漁港的虎鯨逐一由吊車放到卡車上，載到調查場所（峯濱最終處置場）。外觀攝影及觀察是在吊車吊掛的時候進行，我們一抵達調查場所就立刻著手解剖調查。

死亡後已經過了大約一星期，雖說是在極寒之地，內臟也有相當程度的腐敗了。縱然如此，調查時並沒

光是背鰭就有將近 2 公尺的雄鯨。

有確認到內臟的病變，最後關於死因的結論是牠們無法應對急劇的流冰導致靠岸。

虎鯨是以表現出兩性異型（請參照第103頁）的鯨類為人所知，其中就有一頭雄性，具有將近2公尺雄偉背鰭的雄性象徵。

歡迎來到虎鯨的「相親派對」

虎鯨是全世界研究最多的鯨豚物種之一。根據虎鯨的棲息地，可以大致分為三大類：在某海域是海岸定居的「居留型」（resident）、定期在外海或沿岸洄游的「過境型」（transient），以及只在外海生活的「離岸型」（offshore）。

居留型棲息的海域，全年都有機會看到野生的虎鯨，世界知名的地點是加拿大的溫哥華。

2021年，北海道的根室海峽既有居留型，也有過境型這兩類虎鯨的研究成果。

虎鯨。體長約 7 ～ 8 公尺，有大型的背鰭，及清楚明顯的黑白圖案。

加拿大溫哥華的海域有居留型虎鯨，能夠詳細研究虎鯨的生態。

例如虎鯨會形成以成年母鯨為核心的母系社會，而由其血緣關係的成員組成小群。每個不同小群在叫聲上，有腔調或類似方言的習慣，居留型、過境型、離岸型的叫聲也有差異。

目前已知每個小群由數頭到十幾頭的虎鯨組成，到了交配的季節時，個別的小群會集合形成「超群」。就是定期舉辦所謂的「相親派對」，尋找交配對象。這是母系社會的動物經常會有的生態，為了要避免近親交配，有必要和其他族群見面。

此外關於食性，居留型主要吃魚，過境型和離岸型吃哺乳類為多。要像居留型那樣定居在固定的海域，必須全年都有豐富的食物。在加拿大溫哥華的外海，全年都有大量的鮭魚棲息，居留型虎鯨便是以鮭魚為主食。

另一方面，過境型和離岸型選擇追逐食物的生活型態。比起魚類，以海豹、海獅和鯨豚等哺乳類為目標，方能更有效率地進食。

換言之，虎鯨屬於雜食，什麼都吃。像這樣能在世界各地的海洋生活，可說是虎鯨能以海洋霸主君臨海洋的最大因素。

調查羅臼町沿岸死亡虎鯨的胃內容物之後，知道牠們主要是吃海豹跟烏賊。換句話說，是以哺乳類及烏賊類為食。這個組合是新發現，在目前已知的虎鯨都沒有見過。

此外，還有一頭海豹被整群虎鯨分食的痕跡，確認到野生動物中少見的「分享獵物」行為。

食用哺乳類的情況，表示牠們有接近過境型或離岸型的可能性，從在這個海域長年進行虎鯨個體識別的佐藤春子女士（前賞鯨導覽員）整理的數據來看，判斷這次的虎鯨群很可能屬於過境型。

也就是說，牠們並不是一直待在根室海峽的虎鯨群，而是不知道從哪裡過來，運氣欠佳困在流冰之中。而在3隻幼鯨的胃中觀察到母乳的事實，讓我感到又心痛又難過。

進行調查的過程中，雖然採集到各式各樣的樣本，不過我最掛心的是「骨骼標本」。9頭虎鯨的骨骼要在哪個設施做什麼樣的保存，一直爭論到最後，由於科博並沒有成體雄性虎鯨的全身骨骼，極度想要獲得這樣的標本。但是北海道的幾個學術機關也想取得骨骼標本，其中之一是知床羅臼遊客中心。

此時相關人士已經知曉，知床在幾個月後就會名列世界自然遺產。假如知床羅臼遊客中心能夠展示這頭雄偉的雄性骨骼標本，往後一定能將生物的奧祕傳達給來訪的眾多遊客。

如果是這樣，我自然是開心地說：「請便，請便！」將生物展示在原生棲息地中，原本就是最理想的情況。其他成體虎鯨的骨骼，也分別保管於北海道的博物館、大學、研究機構中，活用於研究或展覽上。至於2隻幼鯨的骨骼，則由科博保管。

當時的虎鯨骨骼，現在依舊在知床羅臼遊客中心的展覽會場中央迎接遊客。造訪知床的時候，請一定要到知床羅臼遊客中心去看看。

被「騎士之家」的食物和烏龜療癒

羅臼町位在廣闊的知床地區，大自然除了讓我們感受到美景，也深刻體會到嚴酷的一面。

抵達之後，首先感到驚訝的是刺骨的寒冷，以及沒有可供住宿的設施。由於冬天極為嚴寒，羅臼町周邊幾乎沒有遊客。因此沒有冬季營業的旅宿設施，我們得從尋找住宿場所開始。這個時期的氣溫理所當然是零度以下，露宿在外可能會丟掉性命。

找當地人商量，請他們幫忙四處打聽，總算找到距離調查現場大約一小時車程的「騎士之家」，店主願意收留我們。

不過那裡原本只有夏季才營業，僅有夏季用的寢具，建築物也沒有什麼防寒設備，所以「相當寒冷」。但對我們來說：「能夠提供吃飯睡覺的地方就已經十分感謝了。」於是經過溝通之後，動身前往騎士之家。

找到睡覺場所的雀躍心情稍縱即逝。2月北海道寒冷的程度，完全超乎我們的想像。不過人類在處於極限狀態時，為了要存活，就會拚命思索意料之外的主意。穿著調查擱淺時具有高度防寒性的作業衣睡覺的這種巧思，讓我們撐過了六天五夜的極寒夜晚。

酷寒的天候，在調查現場也是毫不留情地困擾著我們。

相機快門按不下去，樣本用的保存液結凍，不論雙手戴幾層手套還是凍僵，沒辦法握解剖刀，腳趾幾乎完全沒有感覺，我第一次知道原來寒冷會導致頭痛。縱然如此，想要調查眼前虎鯨的心情完全沒有退縮，參與人員都是靠「意志力」苦撐到底。

從住宿地到調查現場的路程中，遇到許多北海道的蝦夷鹿。長著巨大鹿角的公鹿在旅宿附近悠哉橫過眼前的馬路，很像動畫電影《魔法公主》中出現的山獸神。如果在春季，可能還會有從冬眠中醒來的棕熊或是赤狐。

我深深感覺到這些野生動物才是這裡的主人，我們這麼脆弱的人類在這種嚴酷環境中完全沒辦法活下去。

就連海洋王者虎鯨，在大自然的威脅之下也撐不了太久。虎鯨還沒完全接受我發自內心的憧憬與嚮往，仍然被困在流冰中，接二連三的死亡事實紛至沓來，就得開始進行解剖調查，真是讓我備受煎熬。

在這種狀況下，那段期間最療癒的是養在騎士之家的烏龜。大多是陸龜，從小型到大型都有，我們吃晚飯的時候，牠們在旁邊散步或咀嚼高麗菜的模樣，真是撫慰人心。再加上旅宿主人幫我們準備了豪華晚餐，泰國菜、印尼菜、焗烤、炸豬排、咖哩等，同時出現在晚餐的餐桌上。

對於在極寒之中進行調查，體力消耗殆盡的我們來說，烏龜的存在及旅宿主人充滿愛心的晚餐是我們的心靈寄託，陪伴我們撐過漫長而艱苦的現場。

我想要介紹另一個跟虎鯨的愛情有關的軼事。

在調查期間中，看到受困流冰的虎鯨拯救過程的人說，漁船打破流冰在海面開出一條通路的時候，有部分的成年虎鯨從那條空隙脫困，來到流冰外面。雖然如此，卻有幾頭虎鯨返回，可能是聽到幼鯨無法自行脫困的叫聲之後才折返回來。

沒錯，這就是虎鯨。雖然外觀看起來巨大，但是心裡的溫柔善良是無窮無盡，我才會在加拿大看到虎鯨時，瞬間就愛上了。

科博的傳奇「渡邊女士」

從我以兼任方式在博物館工作以來，就知道博物館中有各種人才，從事多樣的工作。

一般人平日在博物館看到的工作人員，大多是在展覽室入口的櫃台人員，或是展覽會場的解說人員。而在後面的房間或是研究設施中，還有更多人在負責各種工作，這些人跟展覽品一樣充滿魅力。

科博館的工作人員，我將其中一位封為「傳奇」，就是令人敬佩的渡邊芳美女士。渡邊女士是在動物研究部裡工作的兼職人員，高中畢業後就到科博工作，超過40年的時間持續協助眾多研究者的工作。她的工作內容非常多樣，而且每一樣的技術都極為卓越。

標本化作業便是其中之一。如同我反覆強調，標本是博物館的命脈。那麼，標本是怎麼製作的呢？

以我專業領域的海洋哺乳類來說，製作剝製標本或是骨骼標本的流程，相當於稱為「標本化」的作業。我的部門雖然會委託專門業者製作展覽用的剝製標本，不過以前連展覽的標本，都是由博物館工作人員自己製作。

但是現在能夠配合研究或展覽等目的進行標本化作業的人員，在博物館中劇減，變成所謂的「瀕危物種」。渡邊女士就是這樣的稀有種。渡邊女士在陸生無脊椎動物類群中，進行節肢動物的展翅或展足作業（把蜂類或是蝶類的翅膀展開，貼到板子上的作業），在脊椎動物類群則是製作鳥類的骨骼標本或剝製標本。

標本製作追求栩栩如生，盡量接近生物在大自然的樣貌。渡邊女士的技術可說是「出神入化」，令研究人員歎為觀止。

我希望能讓越多人知道渡邊女士這樣的標本巧匠。

第五章

海豹的睪丸收納在體內

海豹、海獅、海象是親戚

海洋哺乳類之中，最常見到的是鰭腳類（食肉目），也就是海豹、海獅和海象。

鰭腳類是由海豹科、海獅科、海象科三科構成。其中在日本沿岸棲息洄游的鰭腳類，海豹科有環斑海豹、港灣海豹、斑海豹、環海豹、髯海豹五種；海獅科有北海獅和北海狗兩種。幾乎都棲息在北海道至本州東北地方的寒冷海域。

外觀上最容易注意到的特徵，是四肢趾間的「蹼」，看起來完全就像是鰭。雖然這是其分類名（鰭腳類）的由來，不過鰭的內部骨骼跟哺乳類一樣，從上腕骨到趾骨的所有骨頭都完整無缺。

此外，鰭腳類還有個主要特徵，是身體被毛（體毛）覆蓋，這點和前述的鯨豚及儒艮很不一樣。

「為什麼只有鰭腳類覆蓋毛皮呢？」

大家一定都覺得很不可思議吧。

那是因為海豹及海獅等鰭腳類是水陸雙棲生活，繁衍子孫的重要活動如生產育幼還有休息等，都是在岩石或陸地上進行。在陸地上生活時，身上的毛便在維持體溫時扮演著重要的角色，而且每年都會換毛，北極熊及海獺也是一樣（請參閱第247頁）。

此外，在口部周圍密集生長的鬚是良好的感覺器官，不但可以用來跟同類溝通，也可以當成測量溫度的感測器、掌握空間（認識物體的位置或大小、間隔等），成為獲取周圍資訊的工具，這點和貓狗一樣。

鰭腳類的育幼時間非常短，時間最短的物種是冠海豹，只有四天。寶寶出生四天後就得要獨立，實在很辛苦。

電視動物節目及網路上的影像，經常可以看到海豹寶寶吃奶的模樣。那般安詳的親子時刻極為短暫，與其棲息環境有關。

大多數鰭腳類生活在北極或南極的極地區域。極地區域大體上是無味無臭的世界。當寶寶扭來扭去，跟著體型龐大的母親一起活動時，不僅顯眼，身體散發出來的氣味也會四處飄散。

察覺到寶寶氣味和身影的北極熊、北極狐及猛禽類絕對不會錯過。因此，盡快跟體型龐大的母親分開，在不被外敵發現的狀況之下成長至關重要。

儘管成長速度不一樣，跟那些進入職場之前都靠雙親扶養的人類有很大的區別。

附帶一提，以前認為鰭腳類的起源有兩個譜系：海豹科是由鼬科演化而來；海獅科及海象科則是由熊科演化而來。但是根據免疫學、分子譜系學、形態學的研究成果支持單一譜系說，這三科的共同祖先，是在北美洲及日本的2700萬～2500萬年前的地層中發現的「海熊獸」。

雌性眼中只有雄性強者

鰭腳類中，大多物種選擇一夫多妻制。研究人員將群體中最強的雄性稱為「霸主」，只有霸主可以和雌性交配。

「沒辦法自由選擇雄性，雌性好可憐喔。」

可能會有人這麼想吧。不過其實正好相反，選擇權完全掌握在雌性手中，是雌性想要選擇與最強雄性交配。

和強壯雄性生的孩子有更高的生存機會，提升自己的遺傳基因留給後代的機率。雌性會尋找更強壯的雄性，雄性拚死搏鬥，最後得勝的個體成為霸主，只有牠才被允許和雌性交配。

真正可憐的是那些打輸的雄性。霸主以外的雄性完全不受雌性青睞，只能在群體中靜靜地度過一生。假如想趁霸主不注意的時候跟雌性交配，就會遭受霸主的猛烈攻擊，不但會全身傷痕累累，還可能喪命。這就是野生動物弱肉強食的嚴酷情況。

只不過霸主也不是在雌性簇擁下過著幸福快樂的日子。想要爭奪地位的第二名、第三名隨時可能發動攻擊，必須不斷地警戒周圍。

對於雄性來說，為了要在戰鬥中生存，體型大的個體具有壓倒性的優勢。因此，鰭腳類大多數會表現出「兩性異型」，意為雄性和雌性在體型及體色等有明顯不同的現象。

特別是海豹科和海獅科的雄性，體型壓倒性地比雌性大。即使從遠處觀察妻妾群，哪隻是霸主也一目瞭然，雄性就是這麼巨大。雌性有時候在交配時，還會被雄性的體重壓死呢。雖然在留下子孫這點上是本末倒置，但是雌性仍舊會追求最強的雄性。

關於身體的大小還有另外一點，就是在鰭腳類之間，即使是近緣種也有隨著分布範圍從低緯度（溫暖的海洋）往高緯度（寒冷的海洋），身體尺寸有大型化的傾向，稱為「伯格曼法則」，和保持體溫有很深厚的關係。

身為恆溫動物的鰭腳類為了要維持體溫，是靠體內產生熱量。換句話說，如果沒有時常調整「發熱量」和「散熱量」，就沒辦法維持體溫。由於發熱量與體重成比例（體重越重，發熱量越多），散熱量則與體表面積成比例，代表隨著體長變大，單位體重的體表面積變小，平均散熱量也會跟著

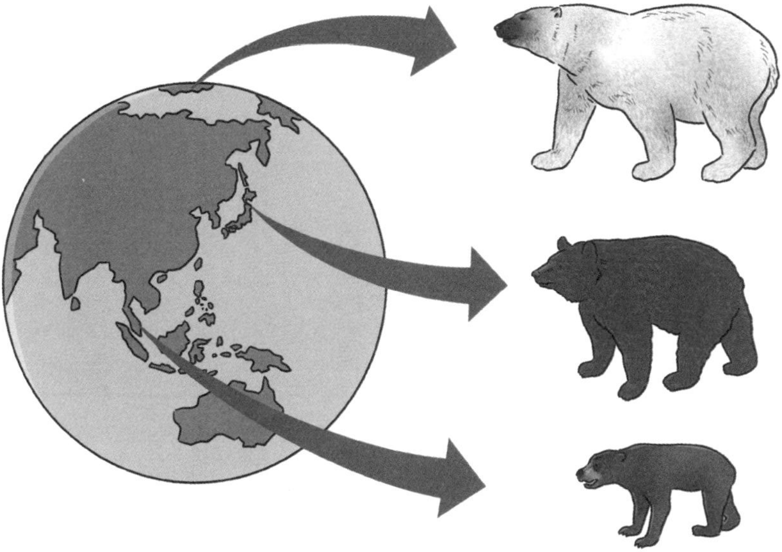

寒冷地區的熊會大型化，溫暖地區的熊體型變小（伯格曼法則）。

變小。

在溫暖的地區，要維持體溫就有必要充分地散熱，因為單位體重的體表面積要大一點，因此體型小的散熱效率比較好。另一方面，在寒冷地區由於什麼都不做也會持續散熱，為了維持體溫，必須讓單位體重的體表面積變小，結果就是大型化才有利伯格曼法則，原本這現象是出現在陸生熊身上而廣為人知。

水族館表演是「海獅科」的專屬舞台

鰭腳類之中的海獅科，目前全世界已知有7屬14種。在日本周邊有北海獅及北海狗兩種，在北海道到本州東北地方的海域中棲息或是洄游。海獅有時候還會南下到太平洋側的關東地區周邊，在日本海側則會向西游到山陰地方。

海獅科和海豹科的動物在外觀上非常相似，至於如何分辨，應該很多人不太清楚。

最簡單的區分方法是「耳朵」。海獅有「耳殼」，海豹則沒有。假如在臉部左右有小又可愛的耳朵（耳殼）便是海獅科，在日本周邊有北海狗和北海獅。另一方面，看不見耳朵就是海豹科，日本周邊見到的八成是斑海豹和港灣海豹。

由於海獅科的物種可以清楚看到耳殼，科名「Otariidae」源自希臘文，意為「小耳朵」。

假如是雌性，還可以藉由乳頭的數目來分辨。乳頭為左右兩對共四個的是海獅科，乳頭為左右一對共兩個的是海豹科。此外，鰭腳類基本上一次生產只會生一個寶寶，和乳頭的數量無關。

海獅科的鼻尖比海豹科長也是特徵之一。以狗做比喻，海獅科就像德國牧羊犬有長長的鼻尖，海豹科則是像巴哥犬那樣短。若有機會在水族館同時看到海獅科和海豹科的動物，請務必比較看看。

另外，在水族館表演中極受歡迎、壓倒性多數是海獅科的動物，在日本活躍的主要是加州海獅、南美海獅、南美海狗等。另一方面，幾乎看不到海豹科的表演，理由在於海獅科和海豹科在腳的構造及功能上有很大的差異。

應該有不少人看過海獅科的南美海獅坐在水池旁的基座上，用前腳接住保育員的拋球，或是用口部頂住、傳接球動作吧。這些動作是由於南美海獅能以穩定的姿勢坐在基座上才有可能辦到。

不限於南美海獅，海獅科動物也能用前肢支撐上半身，後肢往前方彎曲，做出「側跪坐」的姿勢。因此能坐在基座上，只靠著後肢維持姿勢，以前腳拿取物體或動作。

這樣的四肢功能，當然不是為了在水族館中表演而發展出來，是因為海獅科在海洋哺乳類中，在陸地上生活時間比較長。為了在陸地上也能做某種程度的移動，殘留陸地上生活時的前肢及後肢功能。換句話說，可以用前肢撐起上半身，用後肢「行走」。

附帶一提，在水中游泳時是像拍動翅膀那樣上下拍打前肢，同時以頭部的動作來轉向。

前面介紹過在日本周邊有北海獅和北海狗棲息，但是對漁民來說，這些是搶奪重要漁獲的害獸。

雖然和野生動物和諧共存的道路艱難險阻，不過為此絞盡腦汁，我們研究者義不容辭。為了不讓北海獅和北海狗接近定置網，例如播放牠們厭惡的聲音或天敵虎鯨的叫聲，在哪裡有多少個體數（族群數）的調查及研究也在持續進行中。

海豹看不到耳朵（上），海獅則可以看到小巧的耳朵（下）。

更加適應水中生活的「海豹科」生態

現在已知海豹科在全世界有10屬18種。相較於海獅科，海豹科在數量上是壓倒性的多數，約占現生鰭腳類的九成左右。

海豹科和海獅科一樣，可以水陸雙棲生活。在和海獅科比較的時候，一般認為由於海豹科獲得了更加適應水中生活的生態，能進出寬廣的海域而繁衍眾多。

前述比較海獅科和海豹科的外觀，說海豹科沒有耳殼，但並非表示沒有耳朵。海豹有耳孔，也有聽覺，只是外觀上沒有耳殼罷了。

據說這也是為了在水中生活而特化。與鯨豚及儒艮一樣，要是在身體上有突出部分，游泳時的阻力會增加，導致游泳速度變慢或妨礙維持體溫。

同理，雄性生殖腺的精巢（睪丸）並不下降，而是留在腹腔之中。選擇完全在水中生活的鯨豚、儒艮、海牛也相同。海獅科的精巢不在腹腔，而是在大腿的肌肉之中。要是在身體上有什麼晃晃蕩蕩的東西，不但在水中會受到阻力成為干擾，也不易取得平衡。這是回到海洋的哺乳類很大的特徵。

再加上幾乎全部的生活都轉移到水中的海豹科，沒辦法像海獅科那樣把後肢折到身體下方。由於無法用前肢支撐上半身，在陸地上只能像尺蠖屈伸身體移動。當然更沒辦法像海獅用前肢抓球，所以無法出現在水族館等地的表演中。

但是我在很久之前出差，造訪荷蘭的泰瑟爾島的水族館時，看過海豹表演。

雖然說是表演，也只不過是海豹以睡姿躺在地上把頭轉向保育員，看到手勢的時候，拚命揮動小小的前肢（雖然幅度不大），給觀眾看手掌，並對遊客做出揮手再見的動作，用全身左右翻滾罷了。基本上簡單到稱不上表演。

縱然如此，海豹那個模樣瞬時吸引了大家的注意。不僅是我而已，所有觀眾都是笑容滿面，對海豹的揮手送上大大的喝采。

在陸地上給人極度遲鈍印象的海豹科動物，一旦到水中，就會發揮令人刮目相看的本領。可以高速游泳，左搖右晃地自在活動，直直地往前游，或是仰泳悠哉舒適地停下來休息。在水中游泳的優雅動作，不論看幾小時都不會膩。在水中直立睡覺的海豹模樣，在某個水族館中極度受到歡迎的新聞，至今記憶猶新。

海豹在海洋哺乳類中算擅長潛水，相較於加州海獅潛水深約300公尺，象鼻海豹則有潛水將近2000公尺的紀錄。假如在潛水之後立刻急速上浮，就算是海豹也會有罹患減壓病的危險。因此有些物種深潛之後，會螺旋狀般緩慢上浮，讓身體適應水壓。

另外也已知有些海豹會在水中螺旋狀游泳，同時睡覺或休息。海豹科果然適合在水中觀察。

如前所述，海獅科游泳的時候是用前肢，海豹科則是左右擺動後肢。體型渾圓像顆大球的海豹，可以說是竭盡全力減少水的阻力，去除非必要部分所完成的終極形態。

根據一般人的思考方式，應該覺得比起渾圓身材的海豹，纖瘦體型的海獅受到水的阻力更小。不過這不能一概而論。

雖然海獅科確實有著纖瘦的體型，但胸鰭長且與身體之間有空隙。因

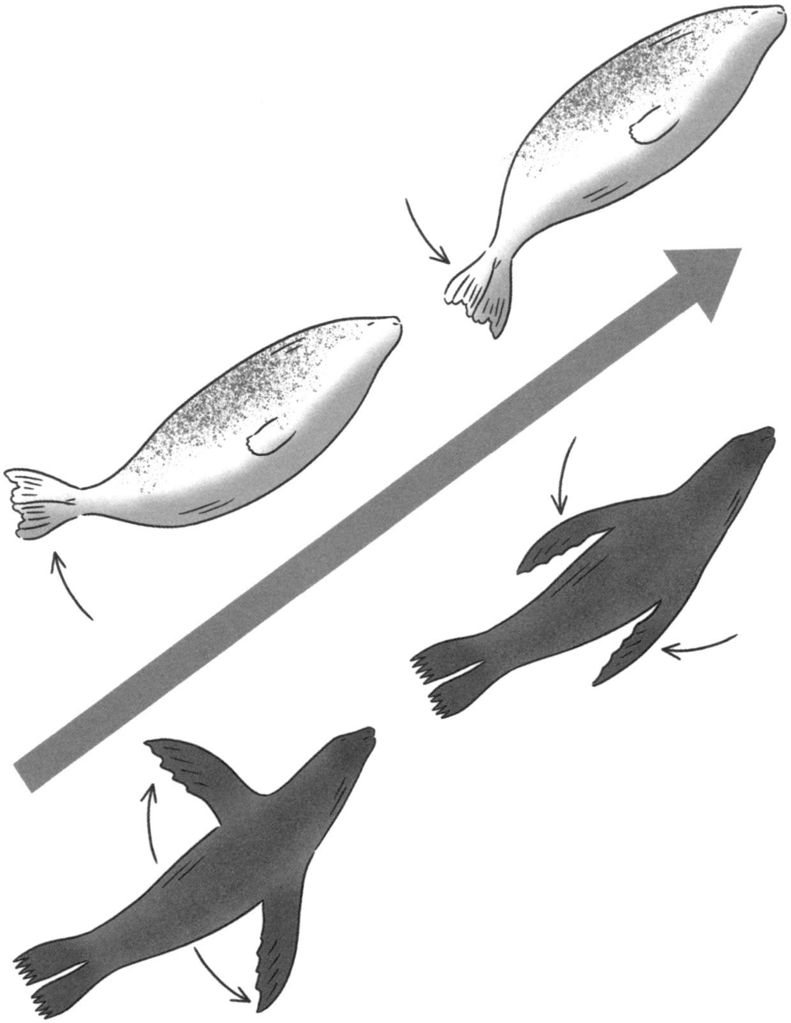

海豹是左右擺動後肢游泳（上），海獅則是擺動前肢游泳（下）。

此，每當揮動胸鰭的時候就會產生亂流，形成阻力。另一方面，擅長游泳的抹香鯨科或喙鯨科，胸鰭極度小，跟海豹同樣演化成盡量減少水的阻力，有如潛水艇般呈紡錘形。海豹甚至讓耳殼消失，特地讓身體成為一團，像子彈般前進。

此外，如果體型纖細，瞬間爆發力很強，反而沒辦法長時間產生能量維持耐力。就這一點來說，若是像海豹有大量皮下脂肪，就能夠持續產生游泳能量，也能長時間待在水中。

從海洋迷路到河川的海豹，有時會成為新聞媒體的熱門話題。一般認為要是從海水移動到淡水，應該會因為沒辦法順利調整鹽分而死亡，但海豹卻能以健康活潑的姿態受到歡迎與喜愛。雖然不清楚真正的原因，不過像海豹等鰭腳類也能在陸上生活，在有限的時間內，會比鯨豚和儒艮更能在淡水中生活。

只要能夠捕食河中的魚、在河邊休息，過上這樣的生活就可以適應環境。實際上，俄羅斯的貝加爾湖（淡水湖）就有貝加爾海豹棲息。

雌性海象也有獠牙

海象兼具海獅科和海豹科兩者的特徵。

海象耳朵沒有耳殼、游泳時左右擺動後肢，與海豹科有相同的特徵。另一方面，將後肢折到腹部下方，在陸地上就能像海獅科那樣移動。換句話說，兼具兩科的優點，獲得適合水陸兩棲生活的體型與生活方式。

但是，海象的歷史並不樂觀。大約5000萬年前，似乎是北太平洋最繁盛的動物，至今發現10種以上的化石。但是現在全世界僅存1屬1種。

一般認為原因在於食物。海獅科和海豹科是吃魚類、頭足類（烏賊和章魚）、甲殼類等，只要能找到獵物，不論什麼都會吃下去。相對於此，海象只吃底棲生物，除了雙殼貝（二枚貝）、卷貝（螺類）等軟體動物，還有棲息在海底泥中的蝦蟹等甲殼類、魚類當成主食。據說就是這麼挑食，所以才減少到現在的1屬1種。

「咦？這種話好像在哪裡聽過呢?!」

沒錯，鬚鯨中的灰鯨也和海象一樣表現出對食物的「偏好」，所以走上同樣的道路。

海中明明有非常多能夠成為食物的生物，為什麼只吃其中很少的部分呢？要是能夠多吃幾種，不就能看到更多的物種了嗎？這點對於我這個海象迷來說，是非常惋惜的事。不過反過來說，就是感受到那種不擅長生活的樣子，才讓我更加喜愛。

不管怎麼說，明明吃的是海底的小型生物，海象的體長卻可達270～360公分，體重為500～1200公斤。體長和體重的範圍如此大，是因為雄性和雌性的體型大小差異。

在海象中也存在身體尺寸導致的「兩性異型」，雄性的體型極為巨大，強大的雄性會成為一方霸主，妻妾成群。

此外，海象還長著「獠牙」，是鰭腳類之中獨一無二的特徵。獠牙是由犬齒發育而成，據說如果海象認真起來，甚至可以用強力的獠牙咬穿北極熊的重要部位。反過來說，海象身上的厚層脂肪，就算是北極熊也無法咬穿。

海象霸主和雌性妻妾。

海象耐人尋味的是不光是雄性，就連雌性也有巨大的獠牙。

說起獠牙，一般認為多半屬雄性展現強壯的象徵。但如果連雌性都有獠牙，就是另一回事了。關於海象為什麼需要獠牙有各種不同的假說，除了打倒敵人、雄性之間彼此爭鬥時會用到以外，有著尋找海底的食物、在爬到陸地上的時候用來支撐身體等各式各樣的用途。

其實，海象物種衰退的歷史背景，就跟獠牙有關。人類將海象牙當成象牙同等價值的貴重物品，一度使海象成為濫捕的對象。

不光是海象牙，海象肉用於食用，堅韌的皮膚成為強韌繩索的材料等，有各種用途。因此，分布於大西洋的斯瓦巴群島到格陵蘭周邊的海象，約在三個半世紀的期間，從2～3萬隻驟減到只剩幾百隻。

縱然如此，由於各國的嚴格保護，目前現生種的數量變得比較穩定。但要讓數量恢復原狀，並非易事。

野生海獅群奇臭無比

我非常喜歡海象。特別是可愛的海象寶寶，渾圓的體型、似乎無法對焦的眼睛、呆萌的長相真是讓人無法抗拒。雖然海豹寶寶也很可愛，但是海象寶寶更是無與倫比。

但是，野生海象棲息在北極圈，在日本周邊看不到，我夢想著有天能觀察野生海象。不過包含海象在內，鰭腳類登陸的岩石區或是小島，因其糞尿會發散出極為濃重的臭味，當我越是明白此事，關於實現夢想就越消極以對。

以前去美國聖地牙哥開會的時候，曾抽空搭船到當地加州海獅棲息的小島。

「只要過了那個岬，馬上就能夠看到海獅了喔。」

船上傳來廣播。

「什麼？在哪在哪？」

我還記得將身體探出船外放眼四周尋覓的時候，還沒看到海獅的身影，突然間就有一股極為濃厚的臭味隨風而來，不由得屏住呼吸。在那之後馬上就看到大群的海獅出現在島上與海面上，見到牠們在自然界中悠哉生活的樣子，讓我感動到暫時忘記臭味。

由於海象的身體更大，實際看到其妻妾群時，一定會更加驚嘆。不過想到臭味也絕對會是海象級，就還是猶豫不決。

假如那樣四處散發氣味，不是馬上就會被敵人發現嗎？

鰭腳類之中，有些物種只有新生兒會呈現幼體色胎毛。在卡通動畫、布偶角色或吉祥物等經常會看到的白色海豹，就是以幼體色的海豹寶寶為原

海豹寶寶（上）以及醜得可愛的海象寶寶（下）。

型製作。海豹中有些物種會在冰上或雪上育幼，因此讓寶寶的顏色與周圍的環境色同化，就能避免被外敵北極熊發現。

雖然這可以理解，但據說北極和南極的酷寒之地，幾乎沒什麼生物，基本上沒有臭味。在這種狀態下，要是像剛才提到的海獅散發出濃厚氣味，等於向敵人宣告：「我們在這裡喔！」

北極熊不可能忽略這些氣味。實際上，北極熊在尋找食物時，也總是不停地把鼻子探進積雪或是流冰的縫隙中，抽動鼻子嗅聞氣味。

縱然如此，新生寶寶身上的幼體色，還是多少能夠迴避北極熊的攻擊，這是一種了不起的生存策略。看到可愛的海豹寶寶在冰上天真無邪睡著的身影，不由得讓我祈願：「請一定要平安長大喔。」

可是在大自然中，充斥著吃與被吃，每天毫不留情地爭鬥。披著胎毛的寶寶也不例外，企鵝從誕生起就開始採取策略來讓自己生存，讓人實際感受到這件事。

寶寶的生存策略（以企鵝為例）

雖然企鵝不是哺乳類而是鳥類，並非我的研究專長，不過這是跟哺乳類有點關係的話題，請耐心聽我道來。

全世界有18種企鵝，以大小來說，皇帝企鵝最大，國王企鵝次之。應該不少人在水族館中看過企鵝。皇帝企鵝和國王企鵝的成鳥，除了體型大小，外觀相似到一般人難以分辨。頭部及前肢為黑色、胸部的上部為黃色、腹部及前肢內側為白色、耳朵周圍為橘色。儘管如此，幼鳥的差異大到令人驚訝。

皇帝企鵝幼鳥的尺寸，是成鳥的4分之1～5分之1，非常地小。腹側毛色為白色，背側為灰色，整體給人的印象是偏白色，小巧地坐在成鳥的腳上，窩在成鳥的腹部打瞌睡。

另一方面，國王企鵝幼鳥的身高跟成鳥差不多，全身布滿茶色毛茸茸的厚羽，乍看之下會以為比成鳥還要大。這麼大隻的幼鳥在成鳥後面搖搖擺擺地走著，接受比自己矮小的成鳥餵食。

成鳥明明長得非常相似，為什麼幼鳥會有這麼大的差異呢？幼鳥的羽毛顏色，是為了在不同環境中生存的幼體色。

首先，皇帝企鵝的雄性也會抱卵及育兒，總是有雙親其一保護幼鳥，就算體格弱小也能夠養大。再加上選在冰上育幼，羽毛偏白更能夠和周圍的環境同化，成為保護色。

另一方面，國王企鵝的雙親會將幼鳥丟下，自己跑去覓食。幼鳥在那段期間，只能等待父母歸來，大概每兩星期才會接受餵食一次。

國王企鵝的親子（左）及皇帝企鵝的親子（右）。

所以誕生不久之後就長到跟父母親差不多的大小，才能夠單獨生存下去。加上國王企鵝在冰上或岩石區都會育幼，幼鳥羽毛便呈現咖啡色。

雖然在岩石區的時候問題不大，但要是冰上有那麼大團咖啡色毛茸茸的東西，存在感可不只有一絲半點，真是顯眼到不行。可這也是國王企鵝選擇的適應方式，我們也只能盡可能地守護。

鄂霍次克海豹中心的髯海豹

北海道東北部面向鄂霍次克海的紋別市，有個設施名為「鄂霍次克海豹中心」，是為了保護野生海豹，最終野放回大自然（再引入）而設立。那裡收容著海豹寶寶（幼體）及年輕海豹，保護收容的理由也是五花八門。

在鄂霍次克海豹中心裡，一般人也能看到接受保護的海豹，入館費成為中心的營運資金。實際讓社會大眾看到受保護的野生個體之後，很多人藉此理解到中心及其活動意義，因此能獲得支援或募集款項等。

保護海豹的時期，是以生產、育幼季節的初春為高峰。不過實際上對於什麼時候、有多少隻海豹送進來，跟擱淺一樣無法預料。

也因此要是一次有4～5幼獸送來，工作人員就得廢寢忘食地給予照顧，連續幾天睡在中心的情況有如家常便飯。

我從山田格博士接手動物研究部研究員職位的2015年，鄂霍次克海豹中心的獸醫師跟我聯繫。

他說：「受保護嘗試野放的髯海豹，努力治療之下仍舊死亡了。博物館有機會活用這隻個體嗎？」

「那是一定的。」

我立刻答應接收這隻個體。

由於鰭腳類全身都有毛，能夠同時將毛皮及骨骼製作成標本保存下來。當時科博並沒有髯海豹的剝製標本，所以這個提議讓我們十分感謝，我馬上就趕到現場去。

那隻髯海豹是成體，體格健壯，全身上下都沒有傷痕，是很出色的個體。我立刻開始解剖調查之後，發現消化器官有潰瘍和出血。由於生前有下痢及血便，血液檢查時發現白血球（淋巴球等在最前線和從體外入侵的某些微生物戰鬥的血球總稱）指數很高，所以診斷為感染導致消化系統功能不全而死亡。

在解剖調查之後，便剝除毛皮，著手製作剝製標本。平時製作剝製標本的慣例，從剝除毛皮的階段就會請專門業者一起參加。

但是這時並沒有預算可以讓他們一起到北海道來，所以我們這些科博的工作人員只能回想業者平時的作業流程，剝除製作剝製標本用的毛皮。

正如在第一章所述，剝皮的時候要盡可能減少下刀的部分。換句話說，最重要的就像把從頭套下去的洋裝脫下來，既溫柔又慎重地剝除毛皮。爪子及帶爪的指尖骨頭要留在毛皮側。這樣一來，剝製標本上就留有原本的爪子，讓標本看起來更加鮮活。

但若只留下爪子，經常會掉落，所以固定的做法是把爪子連接的末節骨也留在毛皮側。再加上還要盡可能地不讓皮下脂肪殘留毛皮上，所以我們一一確認業者的指導要點再繼續剝皮。

這個作業真的非常耗時費工……，特別是因為鰭腳類的體毛很短，切開之後再用專門的線縫合時，縫線會比陸生哺乳類顯眼，難以遮掩。所以比起陸生哺乳類，切開的部分必須更小，才能讓成品變得美觀。

只不過說起來簡單，這對外行人來說真的非常困難。

在我們默默剝著毛皮時，旁邊收容的海豹叫個不停。不知道是因為肚子餓了，還是對我們的作業感到興趣，總之看著野生海豹的同時，一邊進行解剖調查及剝皮作業，感覺很不可思議。

牠們是否理解這頭髯海豹的死亡呢？由於內臟被切開了，血腥味也飄散過去，從那個氣味應該也知道有不尋常的事情發生才對。

思索著這些事情持續作業大約4小時，髯海豹的剝皮作業順利結束，踏上歸途。在這之後，拜託專門的業者製作剝製標本的時候，正好是我擔任科博的正職週年，業者算是祝賀，給了便宜的報價，對我來說是在各種意義上感慨萬千的標本。

如今在各種展覽會場中，許多人會看到這頭髯海豹。每當我見到觀賞這個標本閒談的親子時，當時在酷寒的北海道對著凍僵的雙手哈氣，花了半天剝除毛皮的辛苦全都煙消雲散，深深感覺所有的辛苦都是值得的。

海獺在陸地上幾乎寸步難行

雖然以物種來說，不同於海豹之類的鰭腳類，但我最後想介紹在海洋哺乳類之中受歡迎程度不亞於鯨類及鰭腳類的海獺。

海獺是分類於食肉目貂科的海洋哺乳類。同為貂科的水獺及黃鼠狼，也有棲息在水邊的物種。

一般認為可能是貂科部分在水邊生活的物種進入海洋，成為海獺的祖先。野生海獺只分布於北半球的海中，從美國、加拿大、俄羅斯東部以外，最近在北海道的周邊海域也有分布。

分類於食肉目的海獺，基本上是以動物性蛋白質為主食。最喜歡的食物是以紫石房蛤、花蛤、文蛤為首的貝類，其他如蝦蟹等甲殼類、海膽，會將硬殼啪哩啪哩地咬碎吃掉。

海獺有著跟身體不成比例的大食量，水族館中圈養動物花費排行榜中獨占鰲頭的就是海獺，餐費頗為可觀。

再加上現在禁止買賣，從前野生海獺可是很高價的。水族館的朋友跟我說過，一隻海獺的價錢，比德國製的高級轎車還要高上許多。似乎是因為海獺很受歡迎，所以買賣的價錢就被哄抬到很高。

在水族館中觀察海獺的時候，會發現跟前面的海豹一樣，在水中和陸地的動作有極大的差異。在具有毛皮的海洋哺乳類中，最依賴水中生活的就是海獺，依賴程度比海豹更高。

那是因為海獺在陸地上幾乎寸步難行。下次要是有機會在水族館中看到

海獺的後肢是飛鼠褲狀。

海獺在陸地上移動，請一定要觀察看看。

有種長褲稱為「飛鼠褲」，褲襠比一般的褲子低很多，穿起來就像兩腳之間有一層膜那樣。海獺的後腳就像穿著這種飛鼠褲的狀態，兩腳和身體完全由毛皮連在一起。

因此，在陸地上並不是用四肢行走，而是先用前肢接觸地面，再以此為支點將整個身體往前方拉動。模樣就像是吆喝著「嗨呵嗨呵、哎喲喂呀」，比海豹更像「尺蠖步行」，完全無法跑動。

附帶一提，海獺的前肢也有肉球（足墊），不過跟貓狗的有點不同。雖然看到會認為那個肉球是為了在陸地生活，但似乎在捕捉食物時也很管用。

另一方面，只要進入海中，一身本領就能展現。原本認為海獺有四肢，應該像北極熊那樣採狗爬式游泳，或像海豹左右搖擺游泳，但事實並非如此。

海獺擺動著飛鼠褲狀的下半身游泳，就像鯨豚一樣，以背側和腹側擺動整個下半身來前進。

海獺也和海豹一樣，全身覆蓋

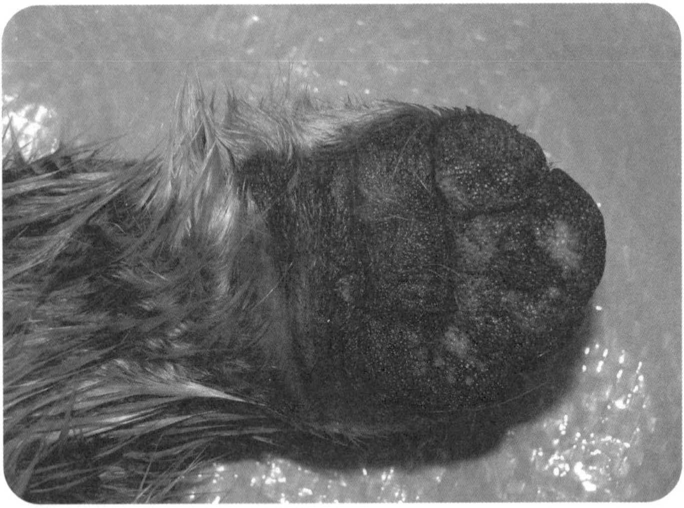

海獺有肉球！

毛皮。正如前述，在海洋哺乳類中有毛皮的物種，在陸地上的時間比較長，為了禦寒會像貴婦般披著毛皮大衣。不過海獺卻幾乎一輩子都在海上度過。

讓人擔心在海中不會讓身體冷透嗎？或是不會由於毛髮變濕變重而溺斃嗎？

不過海獺在這方面可謂適應良好，體毛不但濃密，而且還是雙層結構，讓貼近皮膚如胎毛般的短毛形成空氣層，阻止體溫散失。

海獺的毛皮密度在動物界首屈一指。如果把人類的頭髮總量換算到海獺的毛皮上，大概只占1平方公分。

前面提到海獺是很會吃的「大胃王」，一般認為這也是為了在水中經常將體溫保持恆定，有必要持續產生熱量。並非貪吃，而有正當理由。

再加上位於毛皮外側的剛毛又長又硬，擔負著保護身體、不受外部衝擊和刺激的任務。剛毛是以皮脂腺的油脂來保持撥水性及強韌性。

海獺總是在幫自己理毛，用舌頭舔拭，讓毛的表面經常保持在健康的乾淨狀態，讓毛皮的每個部分都能夠獲得充分的油脂，維持撥水性及強韌性。也因此當身體狀態不佳，沒辦法理毛的時候，就會溺水。

像這樣具有優良保溫性及撥水性的海獺毛皮，人類自然不會放過。從前，俄羅斯探險家兼博物學家史特拉帶回900張海獺毛皮，奢華質感立刻大獲好評（參閱第291頁）。

美國的阿拉斯加州到加州一帶雖然是海獺的主要棲息地，但說來諷刺，北美洲也是以質地優良的毛皮產地而知名，捕獵了大量的海獺。當時將海獺的毛皮稱為軟黃金而備受好評，比當時俄羅斯很受歡迎的黑貂皮還要高價，在俄羅斯帝國、中國、歐洲都有買賣。

此後濫捕也持續在進行，據說到了1820年時，加州的海獺幾乎快滅絕了。即使是在日本，從擇捉島至溫禰古丹島乃至於千島群島的海獺都遭到大量獵捕，在1900年初期，北太平洋的個體數劇減。

正視這樣的事態，1911年日本、美國、俄羅斯、英國這四個國家締結了國際保護公約（北太平洋海狗公約，保護對象包括海獺）。因此，從1741年到1911年，持續大約170年的世界性濫捕才獲得終結。

在那之後，美國在前述的公約以外，還公布了《海洋哺乳動物保護法》

（Marine Mammal Protection Act）、《瀕危物種法》（Endangered Species Act）等。從此，數量曾經劇減到只剩下零星分散個體的族群，現在恢復到將近3000隻左右．不過海獺的數量仍舊不穩定，還是列為瀕危物種。

雖然海獺在日本也幾乎滅絕，不過幾年前起開始可以在北海道沿岸觀察到，其中似乎有海獺親子，在此請容我不說出觀察地點。儘管有世界性的公約保護，卻不想重蹈史特拉的覆轍，這樣做都是為了海獺，還請大家見諒。

科博的畫師「渡邊女士」

請再聽我說一些關於渡邊女士的事情。她的傑出之處在於不遺餘力地學習各種工作技能，不只是標本化作業，就連繪圖能力也極為卓越。在高性能相機及印表機還不像現在這樣普及的年代，研究者在撰寫論文的時候，理所應當要自行繪製研究對象生物。那位無人不曉的達文西，以神經細胞研究而知名的卡哈，都是自己手繪研究對象的素描。達文西的畫作至今仍然嚴實地保管在英國皇家的溫莎城中。不過在研究者之中，也有不擅長、或太忙沒時間繪圖的人。

渡邊女士為了協助研究人員，即使休假也去繪畫教室上課，磨練技巧。委託渡邊女士繪圖的信件如雪片般飛來，自不在話下。

她畫出來的圖完全是專家級，我尊稱她為「渡邊畫師」。這個稱號名符其實，只要到科博的紀念品部就知道了。紀念品部販賣的科博原創商品之中，「世界的鯨豚」海報就出自渡邊女士之手。
除此以外，渡邊女士也有為研究人員的著作及科博的定期刊物繪製插畫。比任何人都熟悉科博的一切，就算是艱難的任務，也能完美達成要求，真可謂科博的傳奇人物。
無論如何，標本化等工匠作業，某種程度是靠靈巧的雙手、敏捷的大腦、活學活用等與生俱來的資質。但是除了這些，全力以赴的真誠更為要緊，我每次看到渡邊女士都會再次體認到這點。
我從大學時代就開始參加標本化作業，起初手足無措，接受許多的前輩指導之後，才能躋身標本工匠的行列之中。
我和渡邊女士能變成好朋友，大概是因為彼此都打從心底喜歡動物吧。每次只要見面，都會很熱絡地聊起家裡的動物。
例如，渡邊女士會在路上撿拾各種動物，貓狗自不用說，就連花嘴鴨或烏鴉都撿回家暫時收留過。有一次，她問我：
「田島博士，我剛撿到一隻烏鴉，該怎麼辦才好呢？」
我先是驚訝於她把烏鴉撿回家，但渡邊女士將我當成獸醫師和諮詢對象，讓我很開心。

「到底該怎麼辦才好呢，我去問問開動物醫院的院長同學。啊，烏鴉是鳥類，也順便問問山階鳥類研究所的朋友。」然後打電話四處詢問。

結果，獲得適合餵食的食物種類，以及如何幫忙弄睡覺的地方等相關資訊，並讓烏鴉平安地回到野外去。

其他如眾多流浪貓的健康問題，她家的狗「武藏」，以及歷代的貓咪等，只要有顧慮都會來跟我商量。我家裡也有3隻愛貓，非常能理解渡邊女士的心情。

就是在這樣閒聊動物瑣事的過程中，不知不覺建立了不錯的交情，她教了我各種博物館的事情。

從學生時代就受科博照顧的我，起初對於跟研究人員或行政事務這些嚴肅的大人來往感到困擾。在那種時候，都是渡邊女士從旁協助我。

即使是關於標本製作，也是從頭一五一十地教我。從骨骼標本及標本標籤的製作方式開始，到寫骨骼標本登記號碼時，用墨書寫最好也都跟我說了。

「墨不怕油脂，也不會損害標本，而且非常便宜。市面上販賣的商品中以這個最好！」

連這麼細微的事情都告訴我。

不是只用言語，她的身教也讓我獲益良多。不僅作業要領，應該學習的知識與資訊，溝通方式、禮節禮儀等等，她教給我的可說是在博物館的生活方式。

渡邊女士教給我的應該是在科博中，由前輩傳授給後輩這樣的薪火相傳吧。將這些傳給下一個世代，也是我的使命。今後我依舊會繼續向渡邊女士請益，並開心地閒聊貓咪的種種。

渡邊芳美

第六章

儒艮、海牛是道地的草食動物

對「人魚傳說」有異議！

只要說到海牛和儒艮，幾乎千篇一律都會有人說：

「就是人魚的原型生物對吧？」

確實，這樣的傳說廣為人知。海牛和儒艮都屬於海牛類，乳頭位於左右的腋下，抱著孩子哺乳的姿態乍看之下和人類很像，因此成為人魚傳說的由來。

但是看到真實的海牛類，會發現跟迪士尼電影出現的人魚外觀有極大的差異。

以學術來說，海牛類名稱的「海牛目」為Sirenia，源自希臘神話中登場的女妖賽壬（Seiren）。據說賽壬的上半身為人類女性，下半身則是鳥或魚的樣子，而且會以其妖豔的姿態及歌聲吸引船員，將其拖入大海之中。

長得像人魚？海牛（上）及儒艮（下）

雖然此處同樣說是「妖豔的姿態」，但是說到海牛和儒艮是不是妖豔，只能含糊其詞：「啊——嗯——。」

海洋哺乳類和魚類、兩生爬蟲類不一樣，皮膚表面光滑，實際觸摸的時候會發現既有彈性且溫暖。例如在海中溺水，意識不清的時候，海牛或儒艮正好冒出來，碰巧將溺水的人推回陸地，睜開眼睛的時候可能會認為「那是人魚！」

或者可能是海牛類緩慢悠哉的泳姿，依照不同看法，也有可能認為姿態很優雅。

儘管我努力地想要找出各種理由，不過總而言之，只能很誠實地說我完全沒辦法將其當成妖豔的人魚。

話說回來，不論海牛或是儒艮，不知道是不是因為是草食性，性格非常溫和，雖然看起來完全不像人魚，不過我非常喜歡牠們平靜且很獨特的長相。特別是在疲倦的時候，看著牠們吃草的模樣，真是非常療癒啊。不同於海豚的笑臉，是給人一種在問候「還好嗎？」、「是不是過於勉強了？」感受關懷的溫馨。

所以我對於海牛及儒艮的現況非常憂心。

現在全世界確認到生存的海牛只有4種。海牛科的西非海牛、西印度海牛、亞馬遜海牛，以及儒艮科的儒艮。

相較於鯨豚及鰭腳類（海豹、海獅等）非常的少。這個情況和牠們的食物有很大的關係。

儒艮、海牛的主食是「海草」

海牛類是海洋哺乳類中唯一的草食獸，主食為「海草」。

說到生長在海中的「海草」，日本人大多會想到「海藻」（兩者同音），昆布和裙帶菜是海藻的代表物種，不是以種子繁殖，而是散布孢子。

另一方面，海牛類當成主食的「海草」是種子植物，生長時需要的陽光比海藻更多。在海中陽光能照射到的深度是水下100公尺為限，還會受到水的濁度或季節因素而變得更少。

海洋的深度多為3000～6000公尺。最深的馬里亞納海溝則深達11000公尺左右，此深度可以將聖母峰（8848公尺）整個放進去。在海洋最深處，深度100公尺大概只占百分之一。

海牛類食用的植物，生長深度極為有限，棲息區域自然受到限制。換句話說，由於食物不具多樣性，也就沒辦法大規模的繁盛。

實際上，海牛類的化石種雖然有10種以上，但卻隨著演化而走向衰退。

在日本發現了許多海牛類化石種，有沼田海牛、瀧川海牛、

儒艮的食物：鹽藻。

富山海牛等，都冠上了發現位置的地名。瀧川海牛幾乎全身的骨骼，是在距今500萬年前的地層中發現。

當北海道瀧川市還是海洋的時候，棲息於此的儒艮同類體長有8公尺，沒有牙齒，而且好像不只吃海草，也吃柔軟的海藻。由於同一個地層還發現棲息於寒冷海域的貝類，當時可能有寒冷的洋流經過。現在仍有各種研究持續進行中。

目前存活的西非海牛、西印度海牛、亞馬遜海牛、儒艮的棲息區域是從熱帶到副熱帶地區，全年照得到陽光的淺灘，以數頭～十幾頭關係不太緊密的群體生活。

附帶一提，日本國內唯一飼養儒艮的三重縣鳥羽水族館，有隻名為賽倫娜的雌性儒艮，總是津津有味地吃著主食海草。

當我學生時代在北海道的酪農家進行牧場實習的時候，每天早上拿著牧草，牛群爭先恐後地跑過來，以一副非常可口的樣子吃著牧草。看到那個樣子，讓我很想知道是不是真的那麼好吃，還真的把牧草放進嘴裡。理所當然的，對於人類來說又粗又硬又沒味道，一點都不覺得好吃。

看著賽倫娜吃海草的樣子，我完全沒有記取教訓地又受到了誘惑。下次我也想吃看看賽倫娜最喜歡的鹽藻（一種海草）。

在水中自在沉浮的祕密

儒艮和海牛經常相提並論，不過只要仔細觀察，就能夠馬上知道差異其實很大。

例如儒艮是吃生長在淺灘海底的海草，所以嘴巴朝下。相對地，海牛則因為喜歡吃生長在海面上的大萍（或稱牡丹浮草，本草綱目稱為大薸），所以嘴巴是直線狀。

此外，兩者的尾鰭也有很大的不同。

儒艮和海豚同為三角型的尾鰭，適合在外洋高速巡航（像海豚和船並排游泳的游泳方式）。另一方面，海牛的尾鰭則是大大的飯匙型，是沿岸性的急速啟動加速型（只要拍動一下尾鰭就能夠急速加速的游泳方式）。

此外，儒艮的雄性有巨大的獠牙（上顎第二門齒），可以靠獠牙來分辨雌

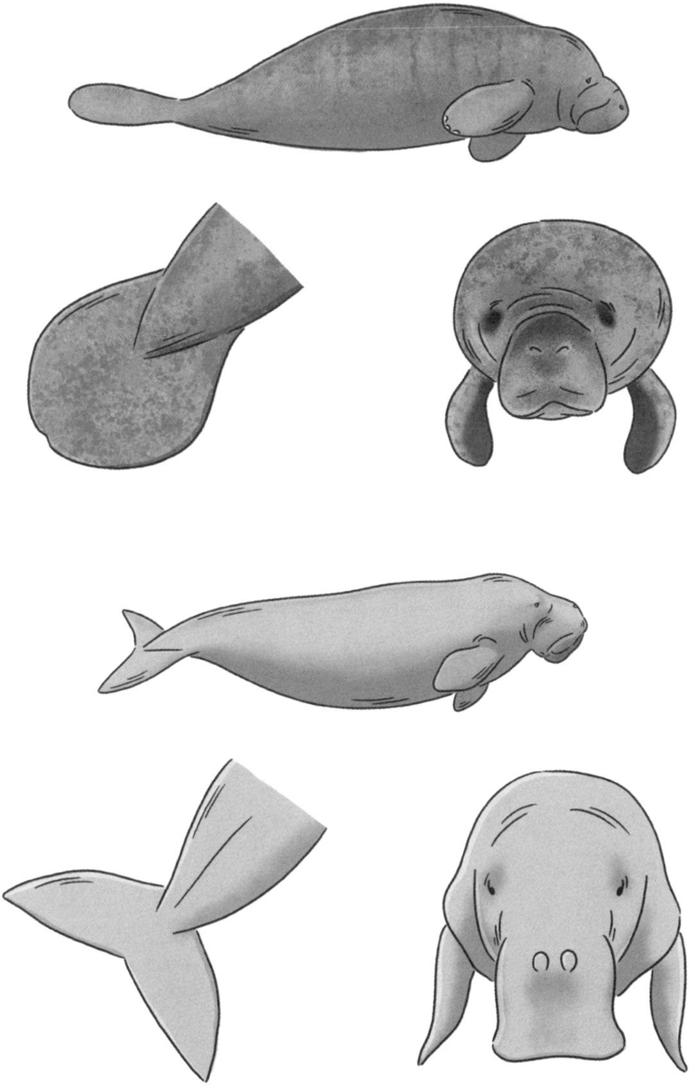

海牛是直線狀的嘴巴及飯匙型的尾鰭（上）；儒艮則是具有朝下的嘴巴及三角形的尾鰭（下）。

雄性別。

儒艮分布於赤道兩側，從太平洋至印度洋、紅海、非洲東岸，在日本是棲息在沖繩周邊。

三種海牛的棲息地就像名稱所示：西非海牛是在非洲西部附近；西印度海牛分為只生活在美國佛羅里達州附近的佛羅里達海牛，以及分布於巴哈馬到巴西沿岸及河川區域的美洲海牛這兩個亞種；亞馬遜海牛是亞馬遜河的原生種，分布於巴西至哥倫比亞、厄瓜多至祕魯。

其中，沖繩是儒艮分布的最北限海域。近年來由於海草減少，以及漁業的影響，導致儒艮的數目劇減，處於滅絕的邊緣。在泰國、菲律賓、澳洲的北側海域雖然有數量穩定的儒艮棲息，但由於生活在沿岸，容易受到人類社會的影響，總是面臨著滅絕的危機。海牛也是一樣。

另一方面，儒艮和海牛的共同點也很多。

體長都在３公尺左右，體重在２５０～９００公斤，有雄性比雌性大的傾向。由於是草食性，具有盲腸，腸子也比較長。消化時間比陸生草食動物還要長很多也是特徵。

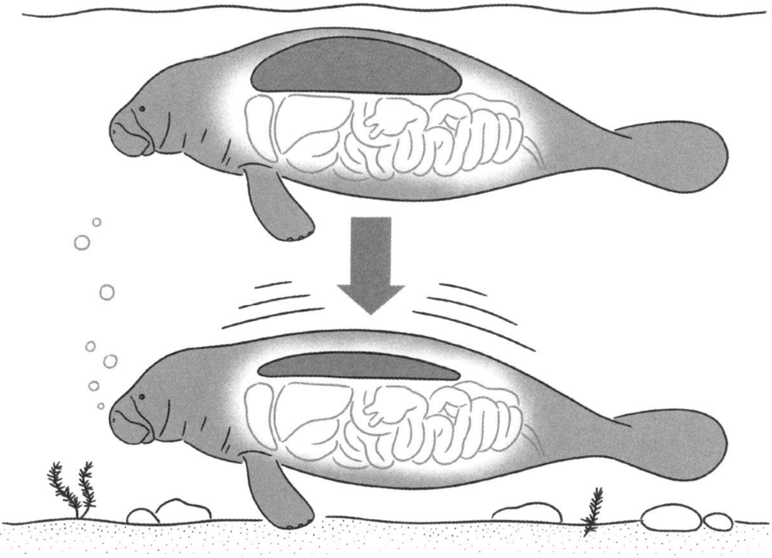

潛水時將空氣從肺部排出。

有趣的是，不知道究竟是極力地節約能量，還是單純只是懶惰，有著海洋哺乳類最能在水中保持輕鬆姿勢的身體。

肺像魚類的鰾，整個滿滿地貼在背側，所以就算不仔細控制姿勢，也能夠以自然的姿勢漂浮。再加上骨骼非常重，只要從肺部稍微排出一點空氣，就可以直接向下沉。

不論是哪種動物，骨頭的組織都是由緻密質及海綿質所組成。緻密質是位於骨頭外側的堅硬部分，由內部的小洞及網目狀所形成的部分則是海綿質。生活在水中的動物通常都是增加海綿質，把脂肪儲存在其間，好讓身體容易在水中浮起，像鯨豚這個特徵就很顯著。另一方面，海牛類的骨頭則是以增加緻密質來增加重量，好讓自己容易往下沉。

請大家想像在游泳池裡游泳的樣子。包括人類在內，很意外的是哺乳類在水裡面較容易漂浮，而不是下沉。不容易下沉是因為肺部儲存了大量空氣，以及皮下脂肪比水輕，讓我們能很自然地漂浮。因此，在潛水的時候需要背負重物才能下潛。

海牛類就演化成讓骨頭變重，只需將肺部的空氣排出就能夠調整浮沉，真是美妙又有效率的身體構造。雖然乍看之下會認為海牛有點遲緩，卻是以獨特的方式，巧妙地適應水中生活。

其實跟「大象」血緣相近的儒艮及海牛

雖然這有點超出我的專長範圍，不過在此談一下海牛類的起源。

海牛類分類所在的非洲獸總目（Afrotheria），起源於非洲大陸。非洲獸總目之中還包含了土豚、蹄兔和非洲象等。

由於外觀上完全不同，所以最近才知道這些動物在演化上是屬於同一個譜系。由於分子譜系學（使用DNA的遺傳資訊來研究譜系的領域）研究的進展，近年來才逐漸解開這些謎團。

幾乎所有的非洲獸類動物至今也只分布在非洲。由於從新生代早期至中期（大約6500萬年前～2500萬年前），非洲大陸四面環海，與其他大陸不相連，所以動物無法從其他大陸入侵。因此趨同演化的結果，各種譜系的動物都成為非洲獸。

此外，還有一種假說認為非洲大陸於1億5000萬年前與南美大陸分離時，非洲獸總目的動物在演化上也與其他譜系分離。不過此說仍存在爭議。

無論如何，一般認為在鼎盛時期，這裡約有1200種動物在此棲息。不過現存只剩下75種左右，大多數已經滅絕。

由於有這樣的起源，儒艮和海牛的特徵在海洋哺乳類中也很獨特。

例如骨頭非常重，肋骨的數目也很多。舉例來說，史氏中喙鯨和抹香鯨的肋骨是9～11根，海牛類平均卻有19根。非洲海牛和西印度海牛的前肢有爪，儒艮雄性有獠牙，牙齒跟大象一樣是水平置換（牙齒從後面往前面推，根據物種的不同，次數也有不同）。

總而言之，這些都是在其他海洋哺乳類上看不到的特徵。儒艮和海牛為什麼會有這樣的特徵，今後透過與非洲獸類及其他哺乳類進行比較，就會變得更清楚吧。

在佛羅里達遇到的海牛

大約20年前，我曾經為了博物館的相關計畫造訪位於美國佛羅里達州的「海洋哺乳類病理生物學實驗室」（Marine Mammal Pathobiology Lab）。該實驗室以針對周圍海岸線發現的擱淺個體及存活個體，特別是西印度海牛的佛羅里達亞種（通稱佛羅里達海牛）進行調查與研究而聞名。

我在那裡停留了一星期左右的時間，主要目的在參與實際的調查、學習海牛解剖的技術，邊協助調查死因，邊學習擱淺調查時的知識與技巧。

美國在總統直轄下制定了名為《海洋哺乳動物保護法》（Marine Mammal Protection Act）的法案，目的在於促進整個國家對海洋哺乳類的調查、研究及保護。海洋哺乳類有關的活動需要協助時，海軍和陸軍也有義務出動支援。

因此，海洋哺乳類相關的研究及學術機構，都有充分的預算，設備及人力也是十二分的充足，研究人員可以全心全力的投注於自己的工作中（參閱第163頁、第252頁）。我造訪的實驗室也是如此，我對那裡和日本的狀況有如此大的差異感到驚訝，度過了一段非常激勵人心的時光。

當時在該實驗室擔任調查小組組長的隆美爾（Sentiel A. Rommel，外號布奇先生）對我非常關照，事實上，和布奇先生見面是我選擇這個實驗室造訪的主要原因。

布奇先生是用斷層掃描拍攝3D影像，從解剖學及形態學觀點研究海牛身體的第一人。

這個實驗室每星期會送來10頭以上的海牛屍體。光是在我們參訪的那個星期，掛在實驗室牆上的白板上，就寫著一星期內超過15頭海牛死亡的資訊。

早上到解剖室的時候，已經有4～5頭的海牛屍體躺著。那是我第一次解剖海牛類，看到肺部排列在背側那一面、草食類特徵的盲腸、在嘴巴周圍密生著洞毛這種對感覺很敏感的毛髮等等，我到那時才首次透過自己觀察，接觸真正的海牛，對當時僅在課本和論文等學到的資訊進行確認。

由於實驗室每星期都會有超過10頭以上的擱淺個體送來，所以在調查時完全沒有浪費。為了要把研究用的樣品送到國內的各種設施，會根據目的與用途準備各種各樣的樣本瓶和容器，熟練地採集樣品。資深研究者們的動作既美又優雅，我深深記得自己當時很感動，覺得這才是真正的專業啊！

在光鮮亮麗的觀光地陰暗處發生的事

其實，在佛羅里達度過的幾個星期並不是只有美好的回憶，也讓我意識到野生動物和人類和諧共存究竟有多麼困難。

佛羅里達不只是海洋哺乳類而已，也是美洲黑熊佛羅里達亞種（佛羅里達黑熊）、佛羅里達山獅及鵜鶘及以鱷魚為首的爬蟲類等多數野生動物的家園。另一方面，由於這裡也是世界知名的觀光地，全年都有非常多的觀光客從美國及國外前來度假。其中最受歡迎的是海上的休閒活動，遊艇、小船、小型噴射快艇、拖曳傘、釣魚、潛水等什麼都有，對喜歡大海的人來說應該是天堂吧。

但是人類在享受海洋運動的沿岸區域，也正是海牛棲息的地方，布奇先生的實驗室每星期會送來10頭以上的海牛屍體就是因為如此。而為了瞭解海洋休閒活動對海牛之類的海洋生物會造成什麼樣的影響，才設立實驗室來掌握實際的狀態。

美國政府和佛羅里達州對這些影響有相當程度的了解，然而來自遊客及觀光客的收益極為龐大。在這個同樣也是富豪渡假勝地的地區，限制海上休閒活動在某種意義上是自絕生路。

但是第一步還是要先了解實際狀況，所以設立了這個實驗室。

在多數的場合，自然環境與野生動物的保護及保育，是和經濟利益相衝突的，即使在海洋哺乳類的保護與研究先進的美國也是如此。

在我負責解剖調查的海牛屍體背部，也有4～5條由船隻螺旋槳擊打出來的平行線狀傷痕。目前已知在觀光客增多的週末假期之後，星期一的屍體數目會特別多。

海牛不擅長快速活動，船隻或遊艇以高速前進時無法完全躲開，通常會受到撞擊。假如被螺旋槳打傷背部，會導致大量出血、撞擊休克而死亡，抑或是傷及肺部引發急性呼吸衰竭而死亡。這些人為造成的原因是導致死亡的主因，更是讓人傷心的現實。

縱使沒有立刻死亡，送來救傷受到保護後，也不保證能夠平安的返回大海。

我實際走訪一座動物園，收容了因背部被船隻螺旋槳打傷而瀕臨死亡的海牛。那頭海牛有一側的胸部發生氣胸（肺部的空氣漏到胸腔中的狀態）而鼓脹，因此無法下沉而在水面上漂浮。

由於是戶外游泳池，暴露在水面上的皮膚因陽光直射而曬傷，背上塗了滿滿的防曬霜。根據工作人員的說法，到了這種情況，得救的機會就很低了。受這種傷的海牛就算送到動物園，幾乎也都救不活。

人類感到舒適快樂的時光，就像這頭海牛，同時也造成許多野生動物的犧牲。

我不知道布奇先生和其他工作人員日復一日調查因人為因素死亡的個體，他們心中究竟做何感想。當時的我難以開口直接詢問，不過大家一定每天都在努力摸索人類與野生動物共存之道。當然，我們日本的研究人員也是如此。

因為這些想法而不痛快的某天晚上，在實驗室附近的海岸看到了美麗的日落，才讓我的心情稍微平復了下來。

此時，一起看夕陽的實驗室男性工作人員之中有一位新婚不久，布奇先生開玩笑地問他：「新婚生活如何啊？」他只是簡單地回了一句：「很甜蜜。」他幸福快樂的側臉以及所有人祝福的歡笑聲，我至今記憶猶新。這是總在認真進行調查的他們，難得一見屬於個人的時刻。

附帶一提，我個人方面也受到布奇先生很多照顧。

布奇先生就像漫畫《北斗神拳》的主角一樣，有著看不出來已經六十多歲的強健體魄。由於他在越戰期間曾經派駐於日本的美軍基地，對日本有親近感，對我也非常親切。

他常常邀請我到他家作客，親自下廚做晚餐，我甚至還經常在他家過夜。我在國外經常會受邀到研究人員家裡，這是我在日本幾乎從未經歷過的，一開始還煩惱：「應該帶什麼樣的伴手禮？」、「過夜的話，要不要帶浴巾去？」、「真的睡得著嗎？」不過多住幾次就習慣了，變得能以去鄉下外婆家的感覺，造訪各地的研究者家。

普吉島的儒艮標本調查

與佛羅里達類似，世界知名的渡假勝地通常也是海洋哺乳類的重要棲息地，或是有設置研究設施。為了對儒艮進行DNA解析及型態學研究，我接受環境省的委託計畫造訪的泰國也是如此。普吉島周邊海域，設置著一個相當於日本水產廳分署的機構——「普吉島海洋生物中心」（Phuket

Marine Biological Center，PMBC）。棲息在普吉島周邊及泰國沿岸的儒艮族群數，比日本要來得穩定。

然而這裡也跟佛羅里達一樣，接連發生儒艮的死亡事件，於是舉全國之力採取保護政策。

在我出發前往泰國前，朋友跟我說：「可以去普吉島，真是讓人羨慕啊～～！」

雖然我答道：「不、不，我是去工作的，完全沒有時間享受。不要期待有伴手禮喔！」

但是實際上抵達目的地，真不愧是世界級的度假勝地。剛到機場，美得像泰國小姐般的年輕女子就往我的脖子掛上木槿花圈，讓我有點興奮。

當時我們住宿的飯店是以詹姆士龐德的「007系列」拍攝外景地而聞名。大事不妙……滿滿的渡假風。

「哦哦，那位大名鼎鼎的羅傑摩爾也在這邊走過嗎？」

光是這樣想像，就讓我忍不住微笑。

不過隔天一開始工作，觀光的心情立刻煙消雲散。

PMBC有位名為坎迦娜（Kanjana Adulyanukosol）的女性研究員，她是國家級研究員，PMBC的所長，以棲息在泰國沿岸的海洋哺乳類為研究對象，特別關注儒艮的生態學及保育工作。由於是在沖繩的琉球大學拿到博士學位，會說一些日文，對儒艮做了許多的研究。

即使研究用的材料和機器並不完備，PMBC還是與日本京都大學的研究團隊進行共同研究，一起做儒艮的族群數、行為、聲音的研究。

此外，PMBC不只是對活體

PMBC 的成員，中間是坎迦娜博士，左二是筆者。

進行研究而已，對於以屍體方式發現到的儒艮及其他海洋哺乳類、海龜也是盡可能地進行解剖調查。由於聽說也有保存骨骼標本，我們從抵達的隔天起，就先從保管在那裡的儒艮骨骼標本著手進行調查。對頭骨和肋骨拍攝照片或是測量、計算骨頭的數目。為了確認和日本的個體有無差異，還觀察細部構造並拍攝照片。

我們也整理了儒艮以外的標本。雖然這不是預定的工作，也不是PMBC的請求，標本的保管狀態不太好，甚至有不少根本就是隨意放置。我們的團隊以標本辨識物種，再將標本以適當的方式重新保管。

PMBC的工作人員喜出望外，對我們來說也是新發現：「哇，有這樣的標本耶！」、「原來泰國也有這個物種！」為了推動海洋哺乳類研究的共同目的，再沒有比在世界各地的現場通力合作更讓人開心了。

泰國的研究者坎迦娜女士

坎迦娜博士的卓越，不僅是位處研究的最前線，還在於將儒艮保護活動的重要性傳達給一般社會大眾。

例如製作T恤、馬克杯、帽子、托特包等有儒艮吉祥物的紀念品，透過繪本、社群平台、演講等，不斷地把儒艮的現狀以及人們現在應該做的事情傳達出去。

在亞洲有些地區，現在仍將海牛類視為稀有食材而進行盜獵。她舉辦活動和這些人見面，讓他們明白儒艮的保育工作。

也許因為泰國是佛教國家，人民一般對動物友善且寬容。不知道是不是把人類和動物視為同類呢？泰國人很熱心地調查和研究海洋哺乳類，有許多值得我們學習之處。

為了錄到儒艮的聲音，在海中設置定點攝影機及水中麥克風，觀察牠們的行為及錄音，就能藉此瞭解儒艮在什麼樣的地方進食、在哪裡休息、如何育幼等等各式各樣的事情。

由於可以定出必須關注的族群或海域，更容易採取保護措施。儒艮是夜行性這件事，也是從這些基礎調查中得知。

坎迦娜博士的團隊不只研究儒艮，還長年調查孟加灣中的布氏鯨。這裡的布氏鯨會停留在水面把嘴打開，等待魚類游進嘴巴裡面，是極為悠閒自在的攝食方式。由於經常上傳到社群媒體上成為話題，應該不少人看過。

我在鯨豚調查的時候受到坎迦娜博士的關照。為了將在日本擱淺的大村鯨個體發表成新種的論文，花了兩星期時間調查散布於泰國各地類似的鬚鯨骨骼標本。

我們搭乘八人座廂型車在泰國各處奔走，兩星期的時間吃住都在一起。雖然不是商業電視台流行的愛情旅遊實境節目，不過在兩星期的時間裡，夥伴意識大幅提升，最後一天到機場時，大家真的都是淚眼汪汪地告別。

在這次的調查中，總共調查了53頭鬚鯨的骨骼標本，在第3章中介紹的人體測量儀（參閱第145頁）也發揮了很大的作用（大活躍）。

坎迦娜博士是非常細心的人，當我們在小小的廂型車中有點擠的時候，她沿路經常停下來買泰國的水果和點心，激勵士氣。路過著名的寺院或佛塔時，也會當起導遊詳細地說明。她非常有幽默感，我絕對不會忘記她吃飯時的笑容。

坎迦娜博士約在十年前因為癌症去世。我們這些受她照顧的科博工作人員，曾在新加坡舉行學術會議後，探望正與病魔搏鬥的坎迦娜博士。雖然正在接受抗癌藥物的治療，她的笑容看起來和往常一樣充滿活力，讓我稍微比較安心。

但是聽當地的工作人員說，她到前一天為止身體的狀況都非常不好，並不是可以見客的狀態，從她的笑容中卻絲毫感覺不到任何跡象。現在回想起來，這就是她溫柔親切，關懷大家的一面。

坎迦娜博士的社群網路帳號仍然留在網上，並附上儒艮的插圖。我想她現在可能跟儒艮一起，在大海裡面自在遨遊。

在泰國有許多繼承她志向的工作人員，持續地對儒艮和布氏鯨進行調查和研究。

「田島博士，沖繩有儒艮死掉了……」

日本有少數的野生儒艮棲息在琉球群島沿岸，這裡是儒艮分布的最北界。但因美軍基地及機場建設的影響，儒艮賴以為生的海草生長範圍急遽減少，現為瀕臨滅種的動物。

許多人應該都知道為了保護儒艮，保護組織和政府之間從以前就進行著各種交流。

幾年前的某一天，環境省的人突然聯絡在科博的我。

對方說：「在沖繩發現了一頭雌性儒艮的屍體，環境省和沖繩美麗海水族館要主導查明死因的解剖調查，希望進行調查的時候能夠得到一些建議。」

我有預感此事會一發不可收拾。調查結果不僅用於生物學，如同前述當涉及政治問題，就需要有相當的覺悟。

話說回來，縱使有做解剖調查，也不一定能夠確定死因，我覺得這個案例不是專家學者齊聚一堂說聲什麼都不清楚就能夠了事。因此，我就把合作問題放在一邊，決定先聽聽看對方怎麼說。

環境省人員告知的內容大致如下：

在沖繩，包含環境省在內的研究團隊如同前述的泰國研究團隊，在各地裝設水下麥克風想要觀察沖繩周邊的儒艮棲息場所及其行為。突然在某段時期，好幾個晚上都錄到儒艮的叫聲，而且是從未聽過的叫聲類型。不久之後就發現了儒艮的屍體，叫聲可能就是牠發出來的，於是推測生前發生了某種事態導致死亡。

現在儒艮的屍體已經運到當地的水族館，並組織解剖調查團隊，所以想要聽我的意見，應該如何進行觀察、採取標本以及怎麼做「追蹤檢查」（細菌檢查及血液檢查、環境污染物分析）等等，以便看這些工作對查明死因有沒有幫助。

「你講得好像很簡單⋯⋯。」

我在心中碎念。

要是鯨豚的調查，我憑藉過往的經驗可以給出合適不過的意見，但對於海牛類的調查，我只有佛羅里達的經驗而已，簡單來說就是一點信心也沒有。然而我說的話卻與想法截然相反，連自己都很驚訝。

「儒艮和鯨豚一樣都是哺乳類，有著共通性。假如有任何的異常或變化，應該看得出來才對。若要進行病理解剖調查死因，能讓我加入團隊之中嗎？」

咦咦咦！我在說什麼啦！我心中感到非常恐慌。

我又來了。起初只是想說：「假如只是聽聽看」、「再考慮看看能不能接」，到最後還是作為研究者的興趣及探究心贏了，竟然自己開口說要參加。

當我掛斷電話抱頭苦思的時候，從頭到尾都在旁邊聽我講電話的工作人員說：「沒關係啦，田島博士，這是你的正常發揮啊。」確實如此，接下來就是正面挑戰，加以克服。

我接到環境省的電話回覆，很幸運的（！）讓我加入解剖調查團隊，隨即飛往沖繩。

在極大的壓力中探究死因

接到環境省聯絡的幾天之後，在沖繩方言的歡迎聲中抵達那霸機場。為了讓自己準備好從隔天早上開始的調查，想要小憩一會兒的時候，就被環境省的人叫到旅館大廳。

一開始就嚴格指示：「調查結束之前不得向他人提及此事」、「調查結束之後，在環境省正式發表之前，請對調查內容絕對保密」，就連書面的宣誓書都簽了。

回到房間後，我再度體認到事情的嚴重性，看著窗外盛開的九重葛，開始後悔參加這次的調查。

隔天早上抵達水族館，與相關人員寒暄過後，見到研究對象的儒艮，全長大概有3公尺，是頭渾圓壯碩的雌性個體。從外觀看來年齡相當大，我的病理學家腦袋立刻認知到有必要將衰老死亡也列入考慮。

順利完成測量外觀及拍攝照片之後，便開始調查內臟。即使同為海洋哺乳類，內臟的位置與鯨豚完全不同，和海牛也不一樣。首先，由於心臟位於喉部的正下方（胸腔的最頂部），在剝除表皮時就要非常小心謹慎，因為肺排列在背側，不先把腹部的臟器取出，就沒辦法看到整個肺。腸道展現了草食動物的特點，又長又粗，比處理鯨豚棘手許多。

調查期間中，沖繩的炎熱掠奪我的體力。解剖室的通風不佳，加上為了預防傳染病而穿戴的防護衣跟口罩，讓情況更為嚴重。在比往常解剖時更加汗流浹背的狀態下，小心翼翼、一點一點地把腸子拉出來，再慎重地將心臟取出。由於有著會是什麼結果的緊張感，不覺出了一身冷汗。

在短暫的休息時間，一口氣喝掉了整瓶的運動飲料。

突然回想起小時候，父親總是把吸管的包裝紙摺成蛇腹狀，然後在上面滴水，讓我和妹妹看它咻咻地變長，看起來很像活生生的毛毛蟲。我的身體就像是那個包裝紙毛毛蟲，水分滲透到全身。

解剖作業，再度開工。

在肉眼可見的範圍內，主要的內臟並無異常。以防萬一，還是進行病理檢查採樣。接著再度從頭側開始慎重觀察皮膚的表面有沒有變化，工作人員說在體幹的右腹側皮膚發現了小洞。大家一起仔細觀察，的確看到那裡有直徑1公分左右的小洞。

那個洞延伸到還留在腹部裡的腸子方向，那裡卡著一根長度有23公分，看起來很像魟魚刺的東西。

「找到了！」我差點叫出來。

不過我暫時忍住，試圖先找出刺的前端。於是看到腸子的一部分被刺戳破，腸子的內容物散亂在腹腔之中。

這絕對就是死因。確認是非人為的自然死亡，現場氣氛頓時輕鬆不少。

進一步的調查顯示，這根刺屬於費氏窄尾魟，是分布於沖繩周邊的魟魚。費氏窄尾魟也是潛水界中列入危險生物清單的物種，人類只要被刺到，就有可能受傷甚至死亡。

這頭雌性儒艮可能是被魟魚刺扎到之後，受不了疼痛而在晚上一直哀鳴吧。回想起錄到的叫聲持續了好幾天，就讓我非常難過。

沒有人想到儒艮竟然會因為魟魚刺而死亡。這樣的知識，就是透過實際的解剖調查一樁樁一件件累積起來的。

史特拉海牛為什麼滅絕了

關於海牛類，最後我還想講個小故事。

1741年，俄羅斯的帝國探險家白令（Vitus Jonassen Bering）為了要到堪察加半島、阿留申群島、阿拉斯加等地探險而出航。附帶一提，位於阿拉斯加及西伯利亞之間的白令海峽，就是為了紀念他而命名。

在這次的航海中，還有名為史特拉（Georg Wilhelm Steller）的人物同行。史特拉先生雖然是德國人，但也是俄羅斯帝國的博物學家、探險家、醫生。

在航海的過程中，船在科曼多爾群島的無人島（後來命名為白令島）出事，白令隊長竟然病逝了，史特拉醫生接替成為隊長，順利讓大家脫離無人島。

基於這次的體驗，史特拉醫生撰寫了《白令海的海獸調查》、《堪察加誌》等，這些書都是在他死後發表。這些著作中，記載了在無人島的沿岸海域發現史特拉海牛、白令鸕鶿、虎頭海鵰等新種生物。

但諷刺的是由於這些著作，讓大眾知道科曼多爾群島有珍稀動物存在。結果導致史特拉海牛和白令鸕鶿遭受濫捕，史特拉海牛在發現之後僅僅27年後就滅絕了，只剩下虎頭海鵰至今還存活著，這是在北海道也能夠看到的最大型猛禽。

史特拉海牛是體長可達11公尺、體重可到6公噸的大型物種，不同於儒艮及海牛，從寒帶至副北極地區均有分布。雖然是草食性，卻不是吃海草，而是以海藻（裙帶菜及海帶等）為食。

但因已經滅絕，關於史特拉海牛生態與外觀的記載，只存在於史特拉先生死後出版的著作之中。骨骼標本則保存在大英自然史博物館、法國國立自然史博物館、美國國立自然史博物館等，我因其他研究造訪時曾經看過，深刻記得當時因其體型而震驚的心情。

假如史特拉海牛存活至今，海牛類可能在世界各地更為繁盛呢。但因人類的威脅，導致那個可能性歸零了。

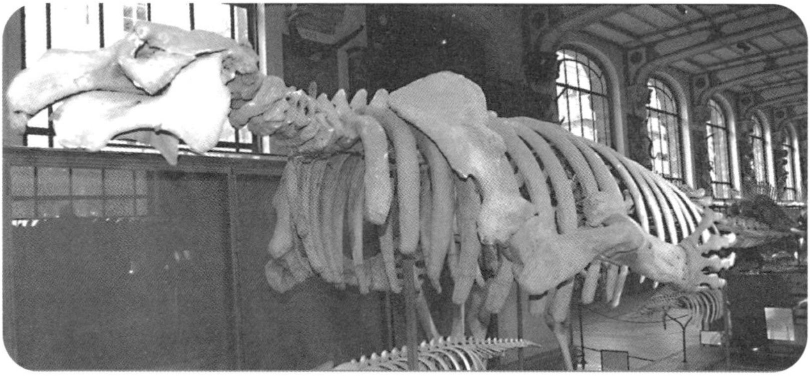

史特拉海牛的骨骼（法國國立自然史博物館）

瀕臨滅絕的解剖學者

博物館在內的學術世界，有另一個瀕危物種，就是專長為解剖學的研究人員，我在那個族群中敬陪末座。在海牛（第六章）及海象（第五章）的章節中很有氣魄地寫道：「明明只要發展出食物多樣性就可以繁衍眾多」，但如果自己的研究領域先滅絕就尷尬了。

這對博物館的未來是非常重要的事情，雖然不易理解，但請各位稍微聽我說一下。

統稱為解剖學的學門中，包含功能解剖學、大體解剖學、顯微解剖學（組織學）、系統解剖學、比較解剖學等各種各樣的領域。我是以其中的比較解剖學及大體解剖學為基本撰寫論文，在東京大學獲得博士學位。

所謂大體解剖學是在解剖的過程中，以「肉眼」觀察某個構造或部位的領域。另一方面，比較複數生物的特定構造，觀察其中的差異或共同點的則稱為比較解剖學。

我在東京大學就學期間，就已經為了要學習大體解剖學及比較解剖學而出入科博，向專攻解剖學的山田格博士請益。

山田老師從東京大學理學院人類學研究室畢業後，在醫學院執教大體解剖學15年，技術與知識遠遠超出我的想像。我第一次覺得所謂學者，就應該是像他這樣的人。

他的老師、教授、朋友也都是很厲害的人，例如和我交情很好的新潟縣立看護大學名譽教授關谷伸一老師便是其中之一。這樣的老師竟然已經成為瀕危物種了。

大體解剖學是非常單純的作業，只要有標本和鑷子就夠了。但就是如此，更需要觀察力、洞察力及理解力，研究者有多少本領一目了然。即使是觀察同一個標本，在達到老師的理解和技術層級為止，必須長年累積經驗，需要豐富的知識。

若是以海洋哺乳類這種特殊動物為對象，該如何識別尚不為人知的哺乳類共通性，以及返回大海之後只有牠們獲得的特殊性，就是看出手腕的地方。前面提到的那些老師，那些「手腕」真的很厲害。

例如從頸部到肩膀稱為僧帽肌的肌肉，人類在內的哺乳類都有。海豚也是哺乳類，應該會有僧帽肌。但是過去有些海豚沒有僧帽肌，或是就算有僧帽肌，作用也跟人類截然不同之類的學說。

實際上到底是怎麼樣呢？為了要確認這件事，只能自己觀察僧帽肌。得先從頸部到肩膀之間的許多肌肉之間找出僧帽肌，並且要有確鑿的證據。如果只是不太確定地覺得：「這個應該是僧帽肌吧……。」就跟從前的研究者沒兩樣。確實的根據就是順著支配肌肉的神經，要闡明肌肉與神經的關係是非常辛苦的，找到之後若沒有更詳細確認哪條神經支配哪塊肌肉就無法解決。

山田老師和關谷老師則是能迅速確實地解明這些問題，邊碎碎念般自言自語，邊確認出僧帽肌。看著他們兩人的樣子，會讓我感到不安，懷疑自己是不是無論花多少時間也不會有追上他們的一天。

大體解剖學的作業，是以公釐為單位，精細到令人難以想像的作業，需要花費大量的時間。假如沒辦法在這個作業中找出讓自己覺得有趣的部分，就會變成單純的辛苦作業。因此，沒有額外的時間和資金用於這種反覆的作業現場，就逐漸不做這些事情了。

現在大體解剖學已經被當成「終結的學問」，在培育後繼者的環境，學術機構中已經越來越少了。

不過解剖學不只是醫學或獸醫學的領域，在學習生物學也是基礎中的基礎，是要跟生物打交道的人一定得修習的學問。

「在徒勞之中有寶藏沉睡著，沒有體驗過那種枉然，就沒辦法獲得發現寶藏的能力。以結果來說，無用之用，是為大用。」

老師經常這樣教我們。徒勞會成就經驗，而寶藏是指新發現，或是到目前為止看漏的結果。

實際上，如何度過這些看似枉然的時間和經驗，應該就是決定此人今後走向的因素吧。現在這兩位老師仍然非常活躍，博物館就是解剖學目前處境之中僅存的最後堡壘。

第七章

從屍體收到的訊息

「你喜歡屍體嗎？」

我在寒風凜冽的海邊弄得全身是血，對著被拍打上岸的鯨豚屍體進行解剖調查的時候，常有人問道：

「為什麼有必要花這麼大的工夫來解剖呢？」

或是：「你喜歡屍體嗎？」

雖然太過直接讓我忍俊不禁，但我絕對不是喜歡屍體。

只不過我大學時代隸屬於獸醫學院的獸醫病理學教室，在陸生哺乳類的解剖實習中，看到身體的臟器及器官整齊的配置，這點讓我非常感動也是事實。再加上用顯微鏡觀察個別組織，看到各個細胞互相串連，沿著一定的規則完美達成機能的樣子真是太神祕了，體認到這些如此不可思議，我們就是靠著這些機制才得以活著，讓我單純感到開心。

一個個細胞都有各自扮演的角色，且具備著能夠完成自己任務的功能。

若是做比喻的話，就像是既有會用飛彈或是毒氣殺死侵入體內病菌的細胞（淋巴球），也有大口大口吃掉病菌自殺的細胞（巨噬細胞）。此外，當尿液累積時，為了讓膀胱的體積變大而變得扁平的細胞（變形上皮細胞），或是製造尿液的過程，也是由數量驚人的細胞共同建構出來，真的是精緻複雜且巧妙的系統。

在肉眼所不能見的微觀世界中支撐生命活動的細胞，我打從心底滿溢的感謝之情，至今不變。

另一方面，缺點是一旦系統或法則出現差錯，導致臟器和組織無法正常運作時，就會很快死亡。實際上，能保持健康反而更像奇蹟。

因此我並不喜歡屍體，只是因為知道正常生命活動的美好，才無法對那些因為不明原因而被拍打上岸的鯨豚屍體視而不見。

我從事現職的動機，單純想要探究原本棲息在海中的哺乳類，為什麼會擱淺到海岸上而後死亡。

在海洋中生活的哺乳類會在海岸擱淺，有沒有可能是因為罹患疾病？我認為只要能夠活用在大學時代累積的經驗，盡可能找出原因，也許就能減少擱淺的數量。

全力探索連結死因的途徑

自從我開始從事海洋哺乳類的調查與研究以來，過了將近20年。

到目前為止，我反覆提到為了不讓個體的死亡變成白費，要盡可能對更多的個體進行調查與研究，只要接獲擱淺的通報，我就會背負大件行李奔往全國各地。

擱淺的外在因素除了漁網或漁具纏繞而死亡、誤捕（混獲，請參閱第148頁）、船隻撞擊等事故之外，有時還會因為受到鯊魚或是虎鯨等天敵襲擊而死亡。

即使是明顯的外在因素，也要進行解剖調查。這是為了要確認體內受到怎麼樣的影響。

例如漁網纏繞的情況，調查對皮膚或內臟會造成何種傷害而導致死亡。

我認為這對於探索海洋哺乳類與人類該如何共存的方式很重要。

此外，在強烈懷疑是外在因素導致死亡的個體，也不一定就表示內臟沒有疾病。因為也有可能是由於罹患疾病讓身體衰弱，才會卡到漁網或遭到天敵攻擊。

海洋哺乳類常見的疾病，和人類幾乎都相通，如動脈硬化、癌症、肺炎、心臟病、傳染病都是代表性的例子。

在人類的醫學領域中，有門學科稱為法醫學。在日本的法律中，要求對於非自然死亡的人或疑似非自然死亡的屍體進行檢驗

露脊鼠海豚的下顎，有漁網纏繞的傷痕。

（司法解剖），以便確定死因，調查是否為意外等等。海洋哺乳類在內的野生動物屍體大多是非自然死亡，所以擱淺個體的解剖調查，就很像法醫驗屍作業。

如果能夠從屍體中盡可能找到許多跟死亡或原因相關的訊息，就能夠活用在今後對動物的治療及健康管理上。

野生動物的病理檢驗，由於完全沒有存活時的相關資訊，得要以肉眼及顯微鏡徹底在身體的外側和內側進行觀察，找出導致死亡的異常狀況。

在此情況，氣象的資訊、海洋環境是否有變化、是否受到其他生物的影響等，也是需要一起納入考慮，找出致死因素的途徑。

解剖調查一旦開始，我的五感便全部集中在擱淺個體上，經常旁邊有人跟我說話都渾然不知。在那個時候，不論寒冷還是炎熱，或是屍體釋出的強烈腐臭味我都完全無感。總而言之，我把臉貼近內臟到鼻子都要撞上去的距離，默默觀察屍體的那個光景，在別人眼裡應該覺得很怪異吧。

擱淺對於海洋生物來說是非常不幸的事情。為了永遠銘記，對於以屍體方式擱淺的個體，我只能全心全力設法找出死因。

我聽說追查事件、追蹤犯人的刑警，越執著就越能夠找到真相。我們在調查擱淺個體時的樣子，跟那個狀態應該很接近。

但是，不論多麼執著地努力進行調查，也無法找出所有個體的死因。無法查明死因，只留下「死亡記錄」的情況占大多數。

有時候，也有新生兒或哺乳期幼體會被單獨被拍打上岸，或是衰弱致死。這不只是外在因素或是內在因素而已，為什麼會跟媽媽分開、為什麼幼體會單獨死亡、媽媽是否也在某處上岸等

一旦集中在解剖作業上，不論是血或氣味都毫不在意。

等，想要探究的事項不勝枚舉。然而發生在大海中的事情，我們幾乎一無所知。

小小的新生兒孤獨地躺在廣闊的海岸線上，不論看幾次都讓我感到心痛。假如能夠藉由解剖調查確認出死因可能會寬慰一些，不過沒辦法找出死因時，就會因為自己的無能而感到無助。

在這種時候，我就會讓自己回想起電視劇中資深刑警在即將退休前，總算發現事件重要線索的場景。我相信總有一天，一定會有逼近擱淺之謎的大發現。我以資深刑警為目標，持續過著面對屍體的每一天。

發現海洋塑膠的時候

近年來，認為海洋污染和擱淺有關的假說備受關注，其中全世界認為塑膠垃圾的影響是主要問題。

在塑膠垃圾之中，直徑5公釐以上的稱為「大型塑膠」，以下的則為「塑膠微粒」。

塑膠不論大小都很難分解，一旦進入自然界，擴散進入海洋，就會長時間在海中漂浮，成為「海洋塑膠」，導致海中的氧氣減少，或是阻礙湧升流（因季風或貿易風、地形變化、潮流的影響讓海洋深層水往上湧到海洋表層的現象。這種現象會將營養鹽豐富的深層水搬運到陽光可及的表層，讓植物性浮游生物能夠繁殖），威脅到海洋生物的生存環境。

數據顯示大約七成的海洋塑膠是來自河川，意味人類生活圈造成的塑膠惡性循環是開端。

例如放置於自動販賣機旁的寶特瓶滿出垃圾桶、路邊亂丟的塑膠製品，在大雨的日子流入排水溝或是河川，再流入海洋。然後在流進大海的途中，或是流入海洋之後，塑膠製品因陽光或物理性摩擦而變成碎片，以海洋塑膠的形式累積起來。

當魚類或貝類等生物把直徑小於5公釐的塑膠微粒吞下肚，就有可能會損傷消化器官或內臟，這也有可能成為死因，曾有海鳥和海龜因為吞下大型塑膠導致胃潰瘍等疾病的報告。此外，從人類的糞便中也檢查出塑膠微粒，讓我們知道污染已經擴大到海陸兩面。

前述的藍鯨寶寶於2018年8月在神奈川縣鎌倉市擱淺時，從胃部發現了直徑大約7公分的塑膠片（請參閱第74頁）。

當時正好也是開始國際層級進行海洋與海洋資源保育的時期。以期到2030年之前「走向更為永續的世界為國際目標」，2015年的聯合國高峰會制定了「永續發展目標」（Sustainable Development Goals，SDGs），在17項的目標中列入了「保育及永續利用海洋與海洋資源」。

由於有此前提，當我們在藍鯨寶寶的胃裡發現塑膠片時，國內外的多家媒體便加以報導。

讓在那之前並不太關心的社會大眾有機會得知這些訊息，在日本國內也展開了各種活動，但像此次在哺乳中的鯨魚寶寶胃裡發現直徑大約7公分的塑膠片，對全世界的衝擊似乎空前巨大。

近年來，不只是海洋哺乳類而已，海洋生物整體受到人類社會的惡劣影響日增月益。

塑膠垃圾變成塑膠微粒……。

環境污染物「POPs」的威脅

海洋塑膠並不只本身會對海洋生物的內臟或組織造成傷害，還有另一個更為嚴重的問題，現在已知塑膠片會吸附並濃縮「持久性有機污染物」（persistent organic pollutants，POPs）。

排放到環境中的化學物質中，有些會成為造成大氣污染或水質污濁的原因，有些則是因為長期在土壤中累積，引發對生態系或人類的健康造成影響的環境污染，這些統稱為環境污染物。

其中將「不易分解」、「容易累積」、「具有長距離移動性」、「有害性」的化學物質總稱為POPs。2004年5月，以減少POPs為目的的《斯德哥爾摩公約》生效，以公約來管制高危險性的有機污染物。

一般來說，POPs是經由食物鏈從小型生物移往大型生物，而且每轉移一次就會更加濃縮。位於海洋食物鏈頂端的鯨豚等哺乳類，就會經常將含有高濃度POPs的食物吃下肚。

雖然光是這樣就是個問題，再加上若是把吸附高濃度POPs的海洋塑膠片吞下去的機會變多，就會有更多的POPs累積在體內。

目前已知當POPs在體內累積到高濃度之後，免疫力會降低，結果導致容易罹患傳染病，或癌症發作、內分泌失調（甲狀腺、副甲狀腺、腦垂腺無法正常分泌生長激素或性激素等）。

實際上，在日本國內擱淺的海洋哺乳類中，有一些在體內累積了高濃度POPs的個體，罹患了在健康個體通常不會看到的傳染病（伺機性感染）。

特別是幼體往往更容易受到POPs持久性影響。由於目前已知大部分POPs容易溶解在脂肪之中，所以就海洋哺乳類來說，一般認為大量的POPs就會透過脂質多的母乳從母親傳給孩子。極端來說，就是餵孩子喝有毒的母乳。

當免疫系統還沒建立的幼體吸收到大量的環境污染物，就容易感染原本可以靠自己的免疫力抵抗的弱毒性病原菌，導致死亡的風險增加。

諷刺的是哺乳的量越多，累積在母親體內的POPs就會越少。雖然這些還在調查中，但我認為幼體單獨擱淺的背後，可能受到POPs的某些影響。

此外，擱淺的鯨豚原本就有許多感染寄生蟲的案例，在肺部、肝臟、腎臟、胃、腸、頭骨內部等部位都找得到。通常寄生蟲會跟宿主和平共存，因為把宿主殺死，寄生蟲也會跟著死亡。

然而當POPs累積到高濃度時，宿主的免疫功能下降，有時候也會因寄生蟲而導致肺炎或肝炎變得嚴重，這在日本國內的擱淺個體也發生過。關於POPs的影響，即使想要了解全貌，也會由於免疫系統是依生物而異，免疫力在個體層級有所不同，所以現在還很難說清楚。要證明其間的直接影響和關係，還需要一些時間。

POPs帶來的影響，人類也不能冷眼旁觀。即使是在陸地上，POPs也會經由食物鏈累積到生物體內。換句話說，位於陸地食物鏈頂點的人類，跟鯨豚一樣每天都在攝取含有高濃度的POPs食品。

除了食物以外，我們生活周遭也有許多化學物質源自POPs。使用於智慧型手機或是電腦、遊戲機的阻燃劑就是其代表。

當然，現在對於毒性的規範變得嚴格，無疑是使用合法的化學物質，不需要過度擔心。但若那些物品棄置在自然界中，受到紫外線照射或高溫會有什麼樣的變化目前還不清楚，否則環境污染物的問題應該不會變得如此嚴重。

雖然我不想要無謂地激起大家的恐慌，不過現在該是我們每個人都學習正確知識，保護自身的重要時刻。

實際上，從擱淺在日本國內海岸的海洋哺乳類身上，已經開始看到一些來自POPs的影響了。如果我們持續監測鯨豚，其結果不是只有海洋生物而已，應該可以成為人類健康及地球環境規模的污染評價指標。

「胃裡空蕩蕩」的鯨豚之謎

海洋塑膠之中，直徑5公釐以下的塑膠片（塑膠微粒）的影響一直都被輕忽。即使是以全球角度來看，對其分布區域、材質、毒性的了解程度也都還沒有跟上。

但是根據我們的調查，在日本國內擱淺的鯨豚身上，發現了直徑在5公釐以下的塑膠，檢測出一種POPs名為「多氯聯苯」（PCBs），在罹患肺炎的個體身上也有發現。

假如證明POPs跟肺炎之間的因果關係，世界性的研究與調查絕對會一口氣地往前推進吧。

不過在學術界中，因果關係的證明是需要可重複性的。換句話說，就是假如沒有實際上對一定數量的鯨豚投予POPs，證明那會導致肺炎，就不被認為具有科學性的根據（證據）。當然我們不可能對鯨豚進行這樣危險的實驗。

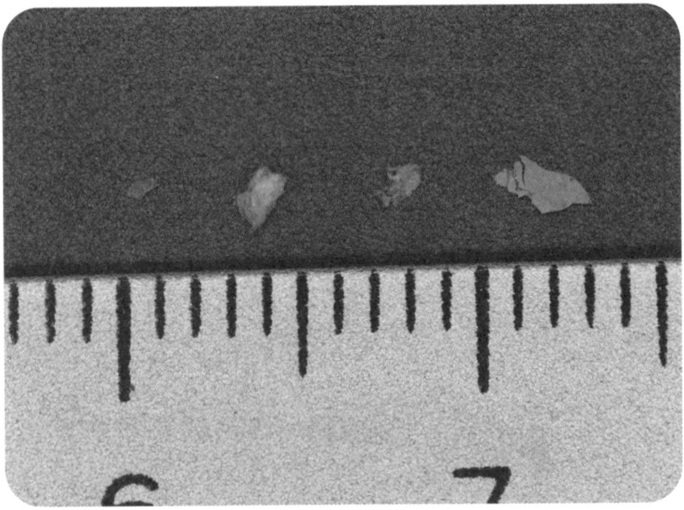

小貝氏喙鯨體內發現的塑膠微粒。

因此，比較透過擱淺調查獲得的事實，並利用統計學上的顯著差異來檢討是否具有相關性的研究，已經成為世界性的標準做法。

到目前為止，POPs就如前述會藉由食物鏈而依次轉移，並且始終以很高的數值存在於食物鏈頂端的海洋哺乳類體內。

但是來自海洋塑膠的POPs攝入生物體內的可能性，也是到目前為止一直都被輕忽。

此外，奇怪的是在大多數發現海洋塑膠的個體，胃部都是空蕩蕩的，沒有發現食物，平時都會找到像是烏賊喙部、魚類耳石、骨頭等許多食物殘渣。目前我們正致力於研究這和POPs之間的關聯性，並且希望能夠盡可能讓更多人知道這個事實。

海洋塑膠不僅從擱淺的海洋哺乳類發現，也陸續在其他生物體內看到。有報告估計到了2050年時，海洋塑膠的累積量可能會超過魚類的總量。

這些全都是我們人類的社會責任。

如今我們生活的各個層面都在使用塑膠製品，生活毫無疑問因此變得更加方便舒適。不過人類社會的這些活動要是最終威脅了其他生物或是環境，極端來說：

「唯一的解決方式就是將人類滅絕。」

我和周圍的研究者經常會這樣說，而實際上這對整個地球來說都已經是一個極大的問題。不過找出這些問題的突破點，開創與其他生物成功共存的美好未來，也是研究者的責任。

我本人也是屬於過慣安逸社會的世代，只不過每當我在擱淺個體身上發現海洋塑膠的時候，就會強烈地認為絕對不能再這樣下去。

目前正從化學及病理學方面，尋找對於環境污染的解決方案。

2021年3月，日本內閣批准了《促進塑膠相關資源回收法》。政府以削減塑膠垃圾為目的，要求便利商店等事業體減少免費提供一次性的吸管和湯匙等塑膠製品。該法案將塑膠製品的設計到販賣、回收再利用都考慮在內，於2022年生效，這是向前邁進的一步。

人和野生動物的共存之道

日本國立科學博物館開始實施一個名為「綜合研究」的五年計畫，研究五個主題的計畫，其中之一是「緬甸的物種普查」。我們海洋哺乳類團隊也參與了海洋哺乳類的普查（分布於某個特定區域的動植物物種調查），開始製作物種清單。

2020年2月的第4次調查時，我們團隊搭乘遊輪遊覽緬甸的伊洛瓦底江。

總是在海邊的我為什麼最後會提到河川，當然是因為那裡也有海洋哺乳類。伊洛瓦底江棲息著著名的「伊河海豚」。

原本海洋性的生物若是長時間待在河川（淡水），會因為無法順利調整身體的滲透壓而死亡，鯨豚也是一樣。不過伊河海豚正如其名字，在演化的過程中很順利地適應了淡水的河川，現在主要零星分布於東南亞的河川或河口附近。

由於日本並沒有伊河海豚分布，所以也沒有擱淺的案例，不過牠們是瀕臨滅絕的物種。因此，雖然想要親眼看到活生生的伊河海豚是這趟旅行的目的之一，卻不是主要目的。

那就是在伊洛瓦底江竟然有漁民和伊河海豚一起合作「捕魚」的傳統漁法。為了要記錄這種漁法，我們參加了當地旅行社主辦的旅遊團，乘坐遊輪前往現場。

不是漁民捕捉伊河海豚，而是漁民和伊河海豚合作捕魚。這非常令人驚訝，也是世上罕見的稀有文化。

伊河海豚將魚趕到漁船附近，接著會用尾鰭拍打水面。漁民看到訊號之後，就把漁網撒到水面上捕魚，而伊河海豚則在一旁等著吃漏網之魚。

經過一些調查研究之後，發現要讓伊河海豚能夠一起進行這種漁法，似乎需要經過溝通意見的訓練，需要4～5年的時間。

最令人感覺不可思議的是伊河海豚為什麼會跟漁民合作？就算不跟漁民合作，伊河海豚也能很輕鬆地抓到魚，與漁民合作不就會有許多可以成為食物的魚類被抓走嗎？縱然如此，看到和人類合作的伊河海豚時仍然非常激動。

從遊輪上看到的伊洛瓦底江周邊景色真的很平靜，實際上這條河也受到人類社會的影響污染，造成魚類數量劇減，結果導致伊河海豚瀕臨滅絕的危機。

正如本書開頭所說，日本每年有300件的海洋哺乳類擱淺報告。在現場進行調查時，我總會這樣想著：這個個體為什麼非死不可呢？原因是受到我們的生活影響嗎？假如是的話，我們應該採取什麼樣的對策呢？

為了找到答案，我們今後也必須要盡可能持續對擱淺個體進行調查研究。如果能夠在博物館這個場所，持續以研究成果或是標本的方式將訊息傳播出去，也許總有一天能夠找到部分的答案。

靜岡縣牧之原海岸擱淺的瑞氏海豚及提著水桶取海水的我。

結語

這是我第一次有機會單獨出書，給一般社會大眾閱讀。老實說，起初我無法擺脫焦慮，因為不知道我的經驗或行動有多少能讓社會大眾感到奧妙及有趣。

雖然我在寫作過程中有好幾次都感到挫折想要放棄，不過我的編輯綿先生及博物館的工作人員都鼓勵我，負責美術設計的佐藤亞沙美小姐還設計了如此精美的裝幀，讓我一直有動力做下去。此外，蘆野公平先生的插圖，讓偏硬的文字氣氛變得柔和，使這本書變得平易近人。

我經常為了調查研究在國內外飛來飛去，但在全世界受到前所未有的傳染病蔓延時期，正好受邀撰寫這本書，可謂機緣湊巧，或許是以偶然為名的必然，令人驚訝。依照我原本的生活型態，這本書應該很難完成吧。

如果您在閱讀這本書時能夠重新領略到海洋哺乳類的旨趣與奇妙，我執筆寫作時的煩惱與辛苦都將煙消雲散。

＊

在這本書中，我將如何進入這個業界的來龍去脈寫得比較帥氣一點，不過其實背後有個故事。高中是多愁善感的時期，厭倦人際關係的我（雖然回想起來也沒什麼大不了），想到如果將來能從事從小就喜歡的動物相關工作，待人接物的機會就可以變少了吧？這就是我決定以獸醫大學為目標的契機。

但是理所當然的，動物相關的世界也不是那麼單純，獸醫師接觸的動物之中，占大多數的是伴侶動物，或是馬、牛、雞等的產業動物，以及役用動物等。換句話說，必須要和那些動物的飼主接觸。

大學就學期間意識到這點的我，再度陷入無法決定將來出路的困境。

就在煩惱與憂慮的日子裡，我又很短視地想說若是以野生動物為對象，和人接觸的機會應該會更少了吧！

一句話概括野生動物，對象涵蓋範圍非常地廣，也不清楚具體來說有哪些工作跟職業。當我去圖書館大量借閱相關書籍時，看到水口博也先生的小說《虎鯨：海中王者與風的故事》，讓我對野生虎鯨（殺人鯨）那巨大又美麗的姿態給迷住了。以此事為契機，我在大學期間造訪加拿大的溫哥華，對以虎鯨為首的海洋哺乳類著迷到無法自拔，決定要以此為業，立足於這個世界。

不過在撰寫本書的時候，意識到儘管我（自以為）不擅長人際關係，但在生命中的重要時刻，正是獲得許多人的支持與鼓勵，方能走到今天。

人總是以各種各樣的方式獲得其他人的支持。有時也會思考這樣的我，是不是也有可能成為誰的支持者。想到這裡，我就會有點自大地認為人類社會好像也沒有那麼糟糕。

作為國立科學博物館的研究員，和同事一起完成各種計劃，有機會在許多人面前演講談話，還出了書。

如果是高中時代的我看到現在的自己，絕對會感到非常地驚訝。

人生老是不知道會往哪裡走。

雖然到了今天，繞了許多彎路也曾遇到挫折，但深刻理解到有家人、朋友、戀人、熟人等眾人的支持，更重要的是接觸到動物的奧祕與奇妙，才能夠克服各種障礙走到今天。

總是配合我們學術調查的地方政府單位人員、協助我們回收個體的潛水員、衝浪者、重型機械的技術員，還有同心協力和我們一起共同調查及採集標本的全國研究機構及所有的相關人員，想要藉此機會向大家致上我最誠摯的謝意。

*

今後我也想要繼續在現場面對海洋哺乳類。

為什麼被拍打上岸？為什麼死掉了？

雖然我總是全神貫注，不想遺漏半點來自牠們的訊息，不過由於尚未解明的事情仍然很多，在那種時候就會感到煩躁。

縱然如此，假如在海岸發現了擱淺個體，不管明天或是後天，我也還是會前往現場。

因為最想要知道那個答案的不是別人，正是我自己……。

2021年6月 田島木綿子

参考文獻

■田島木綿子, 山田格総監修 . 2021. 海棲哺乳類大全 彼らの体と生き方に迫る . 緑書房 .

■ N. A. Mackintosh 著 . 1965. The stocks of whales, The Fisherman' s Library. Fishing News.

■ Horst Erich König, Hans Georg Liebich 著. カラーアトラス獣医解剖学編集委員会監訳 . 2008. カラーアトラス 獣医解剖学 上 ・ 下巻. チクサン出版社.

■Eeik Jarvick著. 1980. Basic structure and evolution of vertebrates / Vol.1. Academic Press.

■山田格. 1990. 脊椎動物四肢の変遷 ー四肢の確立ー. 化石研究会会誌 23:10-18.

■Alfred Sherwood Romer, Thomas Sturges Parsons 著. 1977. The vertebrate body, 5th edition. University of Chicago press.

■ Sluper, E. J. 1961. Locomotion and locomotory organs in whales and dolphins. Cetacea. Symposia of the Zoological Society of London 5:77-94.

■山田格, 伊藤春香, 高倉ひろか. 1998. イルカ ・ クジラの解剖学 ーこれからの領域ー . 月刊海洋 30:524-529.

■ William Henry Flower 著. 1885. An Introduction to the Osteology of the Mammalia. Macmillan and co.

■ Cuvier, G. 1823. 3. Sur les ossements fossiles des Mammifères marins. 5:273-400. Dufour et d' Ocagne, Paris.

■田島木綿子, 今井理衣, 福岡秀雄, 山田格, 林良博. 2003. スナメリ Neophocaena phocaenoides の骨盤周囲形態に関する比較解剖学的研究 . 哺乳類科学 3:71-74.

■ Parry, D. A. 1949. The anatomical basis of swimming in Whales. Proceedings of the Zoological Society of London. 119:49-60.

■粕谷俊雄著. 2011. イルカ 小型鯨類の保全生物学. 東京大学出版会.

■Bernd Würsig, J. G. M. Thewissen, Kit M. Kovacs 編. 2017. Encyclopedia of Marine Mammals, 3rd edition. Academic Press.

■Annalisa Berta, James Sumich, Kit Kovacs 著. 2015. Marine Mammals: Evolutionary Biology, 3rd edition. Academic Press.

■ Wolman AA. 1985. 3. Gray whale Eschrichtius robustus (Lilljeborg, 1861). pp.67-90. In: Sam H. Ridgway, Sir Richard Harrison 編. Handbook of Marine Mammals / Vol.3. Academic press.

■ Jones ML and Swarts SL. 2002. Gray whale Eschrichtius robustus. pp.524-536. In: William F. Perrin, Bernd Würsig, J.G.M. Thewissen 編 . Encyclopedia of Marine Mammals. Academic Press.

■山田格. 1998. 1996 年春のメソプロドン漂着. 日本海セトロジー研究（Nihonkai Cetology） 8:11-14.
■山田格 . 1997. 日本海沿岸地域への鯨類漂着の状況 －特にオウギハクジラについて－ . 国際海洋生物研究所報告 7:9-19.
■山田格. 1993. 漂着クジラデータベースの概要 . 日本海セトロジー研究（Nihonkai Cetology） 3:43-44.
■角田恒雄, 山田格 . 2003. 日本海沿岸各地に漂着したオウギハクジラ（Mesoplodon stejnegeri）の遺伝的多様性について. 哺乳類科学 増刊号 3:93-96.
■ Kazumi Arai, Tadasu K. Yamada, Yoshiro Takano. 2004. Age estimation of male Stejneger's beaked whales (Mesoplodon stejnegeri) based on counting of growth layers in tooth cementum. Mammal Study 29:125-136.
■ Yuko Tajima, Yoshihiro Hayashi, Tadasu K. Yamada. 2004. Comparative anatomical study on the relationships between the vestigial pelvic bones and the surrounding structures of finless porpoises (Neophocaena phocaenoides). Japanese Jounrnal of Veterinary Medicine 66(7): 761-766.
■Yuko Tajima, Kaori Maeda, and Tadasu K. Yamada. 2015. Pathological findings and probable causes of the death of Stejneger’ s beaked whales (Mesoplodon stejnegeri) stranded in Japan from 1999 to 2011. Journal of Veterinary Medical Science 77(1): 45-51.
■Yota Yamabe, Yukina Kawagoe, Kotone Okuno, Mao Inoue, Kanako Chikaoka, Daijiro Ueda, Yuko Tajima, Tadasu K. Yamada, Yoshito Kakihara, Takashi Hara, Tsutomu Sato. 2020. Construction of an artificial system for ambrein biosynthesis and investigation of some biological activities of ambrein. Scientific Reports 2020 Nov 10(1):19643. doi: 10.1038/s41598-020-76624-y.
■Beibei He, Ashantha Goonetilleke, Godwin A. Ayoko, Llew Rintoul. 2020. Abundance, distribution patterns, and identification of microplastics in Brisbane River sediments, Australia. Science of The Total Environment Jan 15;700:134467. doi: 10.1016/j.scitotenv.2019.134467.
■ Costanza Scopetani, David Chelazzi, Alessandra Cincinelli, Maranda Esterhuizen-Londt. 2019. Correction to: Assessment of microplastic pollution: occurrence and characterisation in Vesijärvi lake and Pikku Vesijärvi pond, Finland. Environmental Monitoring and Assessment Dec 10;192(1):28. doi: 10.1007/s10661-019-7964-4.
■Tadasu K. Yamada, Shino Kitamura, Syuiti Abe, Yuko Tajima, Ayaka Matsuda, James G. Mead, Takashi F. Matsuishi. 2019. Description of a new species of beaked whale (Berardius) found in the North Pacific. Scientific Reports 2019 Aug 30;9(1):12723. doi:10.1038/s41598-019-46703-w.

在日本發現鯨豚擱淺時的聯絡單位

●北海道擱淺聯絡網
https://kujira110.com/

●茨城縣擱淺聯絡網
Aqua World 茨城縣大洗水族館
https://www.aquaworld-oarai.com/
電話：029-267-5151

●國立科學博物館筑波研究設施
電話：029-853-8901

●神奈川擱淺聯絡網
新江之島水族館
https://www.enosui.com/
電話：0466-29-9960

●神奈川縣立生命之星地球博物館
https://nh.kanagawa-museum.jp/
電話：0465-21-1515

●伊勢三河灣的擱淺調查網絡
三重大學生物資源學院生物資源學研究科
https://www.bio.mie-u.ac.jp/
電話：059-231-9626

● NPO 法人宮崎鯨豚研究會
https://sites.google.com/site/miyazakicetology/

在臺灣發現鯨豚擱淺時的聯絡單位

●海巡署
電話：118

●中華鯨豚協會
地址：新北市新莊區五工 1 路 80 巷 3 號 1 樓
電話：0928-539-977

●國立海洋生物博物館
地址：屏東縣車城鄉後灣村後灣路 2 號
電話：08-8825001

●國立成功大學海洋生物及鯨豚研究中心
地址：臺南市安南區安明路三段 500 號
電話：06-2757575 #58130

●行政院農業委員會水產試驗所澎湖海洋生物研究中心附屬海龜救護收容工作站
地址：澎湖縣馬公市蒔裡里 266 號
電話：06-9953416 #231
06-9953417 #231
06-9953418 #231

●金門縣野生動物救援暨保育協會
地址：金門縣金湖鎮南雄 30 號
電話：082-33358

鯨豚擱淺現場緊急處理

如何接近擱淺動物？

先觀察擱淺動物的行為，以漸進、冷靜、慎重地方式靠近，避免發出令牠吃驚的聲響，也要避免突然的移動和強光。當一隻鯨感到驚恐而拍打尾鰭時，靠近的人員可能因而受傷。故需與其尾部和頭部保持安全距離。在某些情形，動物可能會恐慌，例如：母鯨如果被迫與幼鯨分離，或者是想保護幼鯨時，可能會變得有攻擊性；具有社會性的種類，當其獨自與群體分開時，也可能會驚慌。因此必須注意動物對人們動作可能有的反應。

活體擱淺緊急處理三要四不

三要

1.要扶正：將鯨豚身體扶正，背朝上，腹朝下，並保持噴氣孔暢通，胸鰭妥善放置（鰭下方挖洞），注意湧浪，使鯨豚身體方向與海岸線成垂直以減少阻力。

2.要保濕：為避免皮膚乾燥，在鯨豚身上澆水，並在牠們身上覆蓋毛巾。尤其是胸鰭掖窩下腹側連接身體處及尾鰭下側，也要常常澆水、灑水，因為此兩部分常常不易澆到水而過熱，眼睛處儘可能澆清潔的水，如果不能取得海水或自來水時，可用礦泉水、蒸餾水或生理食鹽水代替。如果可能，在皮膚上塗氧化鋅油脂，千萬不可用防曬油。寒冬時，需在身體末端覆蓋濕油布。

3.要記錄呼吸及心跳速率（心跳需由專業人員測量）：通常海豚一分鐘可呼吸數次，像瓶鼻海豚如呼吸次數很低，低到兩分鐘呼吸一次時，則可在呼吸孔澆水，可刺激呼吸。心跳可由在胸鰭腹側以手或聽診器測量。

四不

1.不要讓鯨豚受到風吹日曬。

2.不要站在距離鯨豚尾部和頭部太近的地方，以免被打到。

3.不可推拖拉扯鯨豚的胸鰭、尾鰭或頭部，亦不可以翻滾動物的身體。

4.不可喧嘩：避免碰觸鯨豚的身體，減少噪音，隔離群眾。（尤其對特別敏感的種類如：侏儒抹香鯨、小抹香鯨等更要小心！）

拍照存證：（如果手邊適時有照相機或攝影機等），並將相關照片通報MARN救援通報。

評估動物健康狀況（由獸醫人員主持）

評估的程序和方法有很多，簡述如下：

觀察：行為的觀察迅速又不具侵略性，即使很少受過訓練的人也能完成。行為標準可將動物的狀況分為三大類：

1. 警戒（有意識，對環境刺激有反應）
2. 微弱反應（需較多刺激才有反應）
3. 沒有反應（對噪音或碰觸均無反應）

海龜救援現場緊急處理

有生命跡象需救援海龜

1. 將海龜移往陰涼處，避免太陽直射。
2. 身體保持濕潤，但勿將海龜浸泡於大量水中。
3. 灑水或是以濕布覆蓋背甲。

傷病海龜運輸

1. 搬運大型海龜時，需多人合作，先將海龜前肢彎曲部位固定，以免搬運人員遭前肢拍受傷。

2.海龜腹部則需有柔軟物支撐，避免海龜腹甲受傷。

3.小型海龜可由1人操作，施力點為前肢彎曲處，將前肢固定於背甲。

4.運輸箱：長寬需足夠海龜四肢與頭可伸展、高度足夠海龜抬頭呼吸、底下置軟墊、空氣流通、堅固，常見的橘色塑膠桶，適合用於運輸海龜。

5.眼睛遮蔽及保濕：可用小方巾覆蓋眼睛；保濕可用濕毛巾（開空調或冷氣時避免使用此方式）或塗抹凡士林（避開海龜眼睛、嘴、鼻、傷口）。

意外捕獲海洋保育類野生動物

根據2019年度擱淺報告，活體海龜（62隻）通報救傷原因，雖以誤捕（47%，29隻）為最多，但檢視這些活體海龜後續處置方式可發現，漁民、民眾若能夠主動即時通報海保救援網團隊救援，可幫助海龜在獸醫檢查評估及照護後，安全重返大海。同時，主動通報救援並不會違反野生動物保育法。為能對於沿近海各種漁業混獲情形，加強對漁民宣導，鼓勵於意外捕獲海洋保育類野生動物時進行主動協助填報意外捕獲通報表，以利後續研擬後續海洋保育類野生動物保育及資源經營管理。

資料來源：海洋委員會海洋保育署
https://www.oca.gov.tw/ch/index.jsp
電話：(07)3382057

審訂者介紹

楊瑋誠

現職

國立臺灣大學獸醫學系／生態學與演化生物學研究所 合聘教授

中華鯨豚協會 監事 , Taiwan Cetacean Society

簡歷與研究方向

畢業自台大獸醫學系，領有獸醫師執照，於台大獸醫學研究所取得碩士學位，於台大生態學與演化生物學研究所取得博士學位，師承周蓮香博士，博士論文方向為瓶鼻海豚組織相容性複合體變異與演化。

研究方向為「鯨豚生態保育醫學」領域，致力於結合獸醫學與生態演化學，展開跨領域與跨國研究計畫，目標為研究鯨豚疾病生態學與海洋環境衝擊，並將研究成果轉換為鯨豚保育策略與維護海洋及人類健康建議，研究領域包括鯨類之環境銀污染調查與機制分析、細胞激素基因表現用於動物福利與環境緊迫研究、鯨豚麻疹病毒感染病因學、鯨豚肌紅蛋白單株抗體與檢測試紙研發、台灣海域白海豚皮膚病灶之多年期調查、鯨類動物遺傳學分析、鯨類臨床診斷技術、鯨類免疫功能與環境之關係、鯨豚聽力生理生態學與環境衝擊等。

國家圖書館出版品預行編目 (CIP) 資料

海獸學者解剖鯨魚的日常生活：收到擱淺通報馬上出動！海洋哺乳類的死亡教給我們的事 / 田島木綿子著；張東君譯 . -- 第一版 . -- 新北市：人人出版股份有限公司 , 2025.04
面； 公分
ISBN 978-986-461-437-0(平裝)
1.CST: 哺乳類 2.CST: 自然保育 3.CST: 動物解剖學 4.CST: 動物標本

389.7 114003645

海獸學者解剖鯨魚的日常生活

收到擱淺通報馬上出動！海洋哺乳類的死亡教給我們的事

作者／田島木綿子
插畫／蘆野公平
審訂／楊瑋誠
翻譯／張東君
特約編輯／王原賢
出版者／人人出版股份有限公司
地址／ 231028 新北市新店區寶橋路 235 巷 6 弄 6 號 7 樓
電話／ (02)2918-3366（代表號）
傳真／ (02)2914-0000
網址／ www.jjp.com.tw
郵政劃撥帳號／ 16402311 人人出版股份有限公司
製版印刷／長城製版印刷股份有限公司
電話／ (02)2918-3366（代表號）
香港經銷商／一代匯集
電話／（852）2783-8102
第一版第一刷／ 2025 年 4 月
定價／新台幣 420 元
港幣 140 元

KAIJU GAKUSHA KUJIRA WO KAIBOSURU
UMI NO HONYURUI NO SHITAI GA OSHIETEKURERUKOTO